Wieland Simon:
Felder ohne Früchte
Ökologie in Afrika am Beispiel Tansania

Mit 32 Abbildungen

Deutscher
Taschenbuch
Verlag

dtv

Grafiken: Ruth Eschenbacher, Nürnberg

Originalausgabe
Februar 1987

Umschlaggestaltung: Celestino Piatti
Umschlagfoto: Wieland Simon, Nürnberg
Gesamtherstellung: C. H. Beck'sche Buchdruckerei,
Nördlingen
Printed in Germany · ISBN 3-423-10709-X

5–
9/80

Das Buch

Dem Hunger in der Dritten Welt ist heute nicht mehr nur mit Almosen der reichen Industrienationen beizukommen. Hunger ist eine Folge davon, daß die Agrarwirtschaft dieser Länder – nicht selten von denselben Almosenspendern – zugrunde gerichtet wurde. Tansania ist ein Land in Ostafrika, das sich noch vor zehn Jahren selbst versorgen konnte, heute muß es bereits einen Teil seines Nahrungsbedarfs durch Importe decken. Die Bevölkerung wird sich in den nächsten zwanzig Jahren verdoppeln. Kann dann die einheimische Landwirtschaft das Land noch ernähren? Wieland Simon wählte Tansania als Beispiel, um zu zeigen, was es mit dem Konzept des »Wildlife Managements« auf sich hat. Grundlage dieses Konzepts ist der Einbezug der ökologischen Gegebenheiten eines Landes. In Tansania hat man beispielsweise – zur Verbesserung des Exports – mit Monokulturen die Böden vernichtet und mit intensiver Rinder-, Schaf- und Ziegenhaltung nicht nur die Grassteppen – Heimat einer Vielfalt jagdbarer Tiere – zerstört, sondern auch die traditionellen Strukturen der einst sich selbst versorgenden Dorfgemeinschaften. Der Autor beschreibt die klimatischen, geologischen und ökologischen Gegebenheiten dieses Landes, führt die traditionelle Landnutzung vor und setzt daneben die erschreckenden Veränderungen, die die moderne Agrartechnik zum Schaden der Bevölkerung mit sich gebracht hat. Sein Plädoyer für eine ökologisch angepaßte Landwirtschaft, wie sie zum Beispiel vom »Wildlife Management« entwickelt werden kann, lenkt den Blick über den Einzelfall Tansania hinaus auf grundlegende Lösungen des Welthungerproblems.

Der Autor

Wieland Simon, geboren 1954, studierte Geschichte und Politologie. Nach fünf Jahren als Zeitungsredakteur arbeitet er heute als freier Journalist für Rundfunk, Zeitungen und Fachzeitschriften. Für die Arbeit an diesem Buch hielt er sich lange in Tansania auf und konnte sich auf Daten, Fakten und Erfahrungen zahlreicher Entwicklungsprojekte stützen.

Inhalt

Vorwort

Eine der Hauptursachen für die Zerstörung von Natur- und Lebensräumen geht auf ein Problem zurück, das auch der Fortschritt bisher nicht zu lösen vermochte: die menschliche Armut. Vor allem in den Entwicklungsländern, wo die ärmsten Mitglieder der menschlichen Gesellschaft verzweifelt nach Nahrungs- und Energiequellen suchen, um sich und ihre Kinder ernähren zu können, werden die Ressourcen der Erde in einer Weise ausgebeutet, die über kurz oder lang das ökologische Gleichgewicht und damit die natürliche Stabilität von Lebensräumen auf diesem Planeten ernsthaft gefährdet.

Den Armen die Schuld zu geben hieße aber, Opfer verantwortlich zu machen. Wenn das beste Ackerland dazu benutzt wird, Ernten für den Weltmarkt zu produzieren, Städte und Fabriken zu errichten, statt Nahrung für den Eigenbedarf anzubauen, wenn aus Hungerzonen Tomaten und Rindfleisch exportiert werden, dann sind Natur und hungrige Menschen gleichermaßen Opfer eines ökonomischen Systems, das Wohlstand und wirtschaftliches Wachstum über alles stellt. Gerade in der Entwicklungspolitik werden die Ziele nicht in Begriffen des menschlichen Lebens ausgedrückt, sondern als ökonomische Daten. Als Antwort auf alle Probleme wurde uns die Idee vom Wachstum suggeriert. Mit der Ideologie, daß arme Nationen reicher werden können, wurde den Reichen erlaubt, noch reicher zu werden. Einiges von deren Wohlstand, so versicherte man, werde dazu beitragen, die Armut zu lindern. Doch ein Blick auf die Entwicklungspolitik vergangener Jahrzehnte zeigt klar, daß die meisten der armen Nationen arm blieben oder sogar noch ärmer wurden, während es den reichen Ländern immer besser geht. Aber die Ressourcen sind begrenzt und die Verteilung ungerecht. Das Dogma des konstanten Wachstums, möglich durch die schonungslose Ausbeutung aller Ressourcen, ist angesichts der ökologischen Realitäten nicht nur naiv, sondern auch gefährlich geworden. Denn bereits heute sind die Existenzgrundlagen vieler Völker – stabile Ökosysteme – derart zerstört oder gefährdet, daß dort die Menschen um das Überleben kämpfen und nur noch die Welthungerhilfe eine große Katastrophe zu verhindern vermag.

Krise ohne Ende

Das Mangel-Management

Unbarmherzig brennen täglich die Sonnenstrahlen herab und die relative Luftfeuchtigkeit sinkt selten unter 85 Prozent: In den Straßen von Dar es Salaam gibt es kaum einen kühlen Schatten, der vor der schwülen Hitze des Tages schützt. Wie in den Zeiten der kaiserlich-deutschen Kolonialherrschaft oder der darauf folgenden britischen Administration haben die Geschäfte auch heute noch nur während der Morgenstunden oder am späten Abend geöffnet. Dem tropischen Klima angepaßt sind auch die Amtsstunden der Behörden und Banken. Zwischen 2 und 3 Uhr nachmittags schließen sie ihre Schalter. An dieser Tradition hat auch die moderne Technik bislang nichts ändern können, denn die meisten Klimaanlagen in der Stadt haben entweder aus Altersgründen ihren Geist aufgegeben oder fallen ständig mangels Strom oder Treibstoff aus.

Erst in den Abendstunden, wenn der Seewind einen kühlen Lufthauch durch die Straßen treibt, füllen sich in den Straßen die Bars und Cafés. In den Restaurants und Hotels werden für die Gäste Tischdecken aufgelegt, Servietten gefaltet und das Besteck sortiert. Das gastronomische Erbe englischer Kolonialherren hat in Tansania bis heute nicht an Stil verloren: Trotz der Hitze achten die Kellner ebenso auf den korrekten Sitz ihrer Uniformen oder auf die Bügelfalten ihrer schwarzen Anzughosen wie auch auf die richtigen Umgangsformen und Etikette, nach denen der Gast bedient werden muß. Ihm wird, wenn er am Tisch Platz genommen hat, zuvorkommend eine stilvolle Speisekarte gereicht, in der er, über mehrere Seiten blätternd, die Gerichte seines Geschmacks auswählen kann. Falls er nicht gerade in einer der Renommierherbergen wie dem »Embassy« oder dem »Africana« sitzt, wird jedoch sein Traum von einem lukullischen Mahl spätestens bei der Bestellung platzen. »Hamna« oder »Kwesha« kommentiert der Ober höflich und ohne eine Miene zu verziehen alle Bestellungen, »das gibt es hier nicht« oder »ausgegangen«. Zur Auswahl stehen dann meist zwei Gerichte, entweder Fisch oder gebratenes Huhn, wobei letzteres zuweilen bereits als Grundlage für eine Suppe gedient oder mindestens 5000 Flugstunden hinter sich hatte.

»Hamna« und »Kwesha« sind Suaheli-Wörter, die jeder Fremde in Tansania sofort lernt. Sie bezeichnen in dem ostafrikanischen Land Zigaretten und Bier, Fleisch, Waschpulver, Ersatzteile, Dieseltreibstoff und Benzin für das Auto – Selbstverständlichkeiten, über die wir Europäer uns kaum noch Gedanken machen.

Mangel an allem regiert den Alltag in Tansania und macht erfinderisch. Nur der Schwarzmarkt sichert die wichtigsten Lebensmittel für den täglichen Bedarf, und nur unter dem Ladentisch sind teuere Konsum- oder Luxusgegenstände zu bekommen. Seit Jahren wird in regelmäßigen Abständen, selbst nach der regierungsamtlichen Zeitung ›Daily News‹, der Mangel zum »Chaos«, beispielsweise dann, wenn Zehntausende von Autofahrern vor den Tankstellen des ganzen Landes warten, um den rationierten Treibstoff für ihre Wagen zu bekommen. Die Meldung von jedem Tanker, der in der Raffinerie von Dar es Salaam leergepumpt wird, dringt bis in die entlegensten Teile Tansanias vor. Mühsam hatte in diesen Fällen die Regierung für die Rohstoff-Ladung die zur Bezahlung erforderlichen Dollar-Devisen aufgetrieben, und geschäftstüchtige Tansanier schlagen aus dem Notstand Profit. Mit dem Kanister in der Hand warten sie vor der Tanksäule, bis die erste Lieferung eintrifft, um dann den Kraftstoff zu höheren Preisen an die weiter hinten in der Schlange Wartenden zu verkaufen.

Autos, Traktoren und Lastwagen ohne Benzin und ohne Diesel, und Menükarten, deren Angebot nur Attrappe ist und an vergangene und bessere Zeiten erinnert, sind in Tansania die äußeren Anzeichen einer anhaltenden Wirtschaftskrise. Auslandsschulden in Milliardenhöhe und ein notorischer Devisenmangel bestimmen nach dem Ölschock Anfang der siebziger Jahre die Realität und haben in einem Lande die Inflationsrate auf über 25 Prozent getrieben, das vor fast dreißig Jahren der Volksschullehrer Julius Nyerere unter der Parole »Uhuru«, »Freiheit«, von den Fesseln der Kolonialherrschaft gelöst hatte. Am 9. Dezember 1961 verließen die britischen Verwaltungsbeamten das Land, doch in ihren leergeräumten Büros zogen wenig später erneut Europäer ein: Experten der Entwicklungshilfe, Agrar- und Bewässerungsspezialisten, Projektmanager, Rinderzüchter, Wissenschaftler und Sachverständige. Sie alle hatten nur eine Aufgabe: Mit den Milliardensummen aus wohlhabenden Industrienationen den Grundstein für die Zukunft Tansanias zu legen. Doch die Euphorie der sechziger Jahre, mit der die Entwicklungsexperten ans Werk gingen, ist heute verflogen. Ernüchterung und Resignation, die Einsicht, daß dem Engagement Grenzen gesetzt sind, und der Wille allein noch keine Berge versetzen kann, überschatten die Arbeit der Spezialisten. Denn knapp dreißig Jahre nach der Unabhängigkeit ist der Staat Tansania bankrott und wirtschaftlich mehr denn je von der Spendenfreudigkeit der ehemaligen Kolonialherren abhängig. Die Staatsbeamten in Dar es Salaam, der ehemaligen Hauptstadt, und in Dodoma, dem neugewählten Sitz der Regierung im Landesinneren, sind mehr mit der Verwaltung des Mangels beschäftigt als mit dem Aufbau des Landes.

Obwohl bereits Ende der fünfziger Jahre schwarze Politiker und Kirchenleute afrikanische Staaten davor warnten, in eine Mentalität des Selbstmitleids und der ständigen Forderung nach Hilfe von außen zu verfallen, haben Staatsmänner wie Julius Nyerere auf das schlechte Gewissen der ehemaligen Kolonialherren gesetzt. Er suggerierte ihnen eine »koloniale Schuld«, und

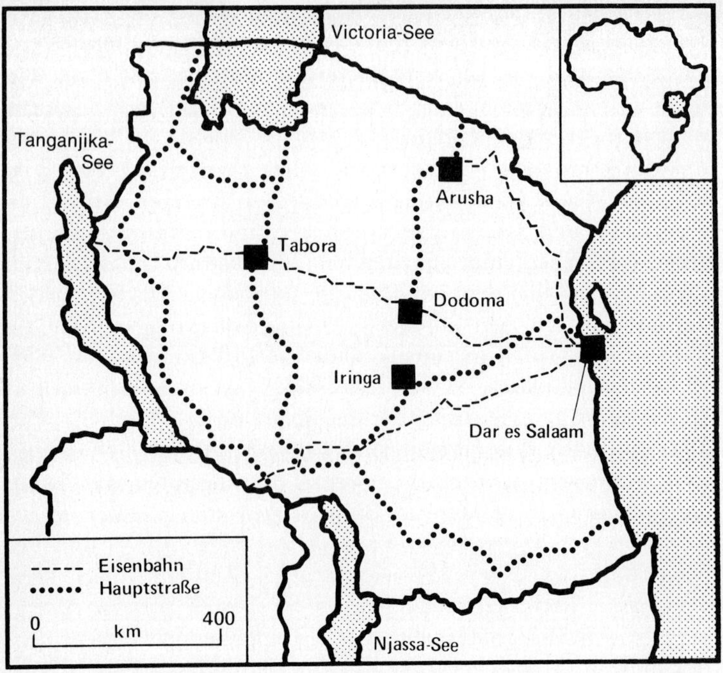

Abbildung 1: Tansania – Geographische Lage.

aus diesem Motiv der Erblast kamen viele Staaten seinen Forderungen nach Hilfe nach, auch wenn sie zuweilen unsinnig war. Sie unterstützten damit jene »Ideologie des Pauperismus«, die heute in vielen afrikanischen Staaten in eine Erwartung totaler und kategorischer Hilfe mündete. Doch die Entwicklung hat gezeigt, daß diese Form der Politik nach dem Zweiten Weltkrieg, mehr als die Kolonien und Missionare vorher, Entwicklungsländer wie Tansania in die wirtschaftliche Abhängigkeit der Industrienationen gebracht hatte, ohne die Probleme zu lösen. Im Gegenteil: Die Gesamtsituation hat sich seit der weißen Vorherrschaft sogar noch verschlechtert. Erwirtschaftete die deutsche Kolonialverwaltung in Deutsch-Ostafrika 1914 in der Landwirtschaft noch knapp Überschüsse, und sicherte das britische Protektorat noch die Selbstversorgung Tansanias, so ist das Land heute nicht mehr in der Lage, diesen Standard zu erhalten. Die Industriekapazitäten, mit westlicher und östlicher Hilfe finanziert und aufgebaut, sind nicht ausgelastet. In den staatlichen Kooperativen bleiben die Regale leer. Trotz eines gesteigerten Einsatzes an Dünger, und obwohl die Agrartechnik mit Bewässerungsanlagen und rationellem Maschineneinsatz verbessert wurde, ist in den vergangenen zwei Jahrzehnten in weiten Bereichen der Landwirtschaft die Ernte um bis zu 50 Prozent zurückgegangen. Berücksichtigt man zusätzlich noch das Bevölkerungswachstum, so liegt heute das reale Volkseinkommen pro Kopf etwa auf dem gleichen Niveau wie in den sechziger Jahren. Beide Faktoren, Ernteeinbußen und Bevölkerungsentwicklung, haben damit alle Wachstumserfolge der siebziger Jahre, die in einzelnen Wirtschafts- und Industriebereichen vereinzelt auch stattfanden, in der Gesamtökonomie des ostafrikanischen Staates wieder zunichte gemacht.

Beide Faktoren, der Bevölkerungsanstieg und die wirtschaftliche Talfahrt des Landes, werden lebendig in dem Ring aus Blechhütten und Bretterbaracken, der sich von der Landseite um Dar es Salaam schließt. Dem Touristen, der auf seinem Weg in den Westen die Slums durchqueren muß, führt hier die Hafenstadt mit der Kehrseite der steinernen Pracht kolonialer Herrschaft den Gegensatz zwischen Vergangenheit und Gegenwart deutlich vor Augen. Denn hier lebt die Mehrheit der Stadtbevölkerung. Jeden Morgen schiebt sich ein endloser Strom von Menschen in die City, um dort Arbeit und Geld zu suchen, am Abend kehren Hunderttausende wieder in ihre Slums zurück, um unter einigen großen Brettern oder Wellblechstücken Unterschlupf für die Nacht zu finden. Entlang den staubigen Straßen bieten Bauern Ananas, Bananen, Kartoffeln und Gemüse an, nackte Glühbirnen tauchen die Bars in fahles Licht. In ihren vergitterten Vorratsschränken lagert der in Flaschen gefüllte Inbegriff des fortschrittlichen 20. Jahrhunderts: Coca-Cola. Zwischen Autoscheinwerfern, Kerzen und Gruppen aus Frauen und Männern spielen Buben und Mädchen, deren blaue Hosen oder Röcke und weiße T-Shirts dem Fremden verraten, daß sie schulpflichtig sind. Am Vormittag lernen sie Lesen und Schreiben, und am Abend das Abc des Überlebens im Ghetto einer Millionenstadt.

Vergebens hat sich die Stadtverwaltung von Dar es Salaam bisher bemüht, den Zustrom von Menschen zu stoppen. Wie Krebsgeschwüre wuchern unaufhörlich die Slums am Rande der Hafenstadt weiter, füllen sich laufend mit neuen Menschen vom Land. Für viele endet hier der Traum von Geld und Arbeit im Kampf um das Existenzminimum. Heute leben in den Ballungsräumen Tansanias zwar nur 10 Prozent der Bevölkerung, doch die restlichen 90 Prozent auf dem Lande sind kaum in der Lage, die Städter zu ernähren. Hat das Land in den letzten 20 Jahren zuviel Hilfe oder verfehlte Hilfe erhalten? Diese Frage stellen sich heute zahlreiche Entwicklungsexperten aus den Industrieländern. Denn trotz der Milliardeninvestitionen in Fabriken und in der Landwirtschaft werden nicht alle Devisen erwirtschaftet, um auch die nötigsten Rohstoff-Importe und Ersatzteillieferungen bezahlen zu können. Über 60 Prozent seines Exportgewinns aus Tee und Kaffee gibt Tansania für Erdöl aus, 20 Prozent für Ersatzteile und weitere 20 Prozent für den Schuldendienst. Doch der Bedarf an Rohstoffen, Industrie- und Konsumgütern ist weitaus höher; die gegenwärtige Einfuhr vermag nicht einmal den Standard zu halten beziehungsweise eine Entwicklung der Wirtschaft anzukurbeln.

Mit Millionenbeträgen haben ausländische Firmen Fabriken gebaut, die heute nur zwischen 10 und 30 Prozent ausgelastet sind. Nach anfänglichen Erfolgen in der Industrie wie auch in der Landwirtschaft sank die Gesamtproduktion weit unter das Niveau von 1976. Mit einem Umfang von 500 Millionen US-Dollar machte dagegen die Auslandshilfe Tansania zum größten Entwicklungshilfeempfänger in der Dritten Welt. Doch an den »Grundstrukturen der Volkswirtschaft und an den Verflechtungen des Landes mit der Weltwirtschaft hat sich trotz aller Anstrengungen im Rahmen einer eigenständigen und wenigstens ansatzweise sozialistisch verstandenen Entwicklungsstrategie seit der Unabhängigkeit nichts wesentliches geändert«, beurteilt Rolf Hofmeier, Direktor des Instituts für Afrikakunde in Hamburg, die wirtschaftliche Situation Tansanias. Immer noch haben Importe und Exporte einen hohen Anteil am Bruttosozialprodukt. Damit ist heute der ostafrikanische Staat vom zentralen nationalen Ziel der Selbstversorgung weiter entfernt als Anfang der siebziger Jahre. Seit Jahren müssen die Behörden Weizen und Mais importieren, um die Bevölkerung mit Grundnahrungsmitteln versorgen zu können. 1985 waren es allein 336 000 Tonnen Weizen, die aus den Kornkammern der Industrienationen angeliefert und im Land verteilt wurden.

Nur drei Bereiche zeigen in Tansania ein kontinuierliches Wachstum: die Staatsbürokratie, die Schulden im Ausland und die Geburtenrate. Heute zählt Tansania über 20 Millionen Einwohner, von denen die Hälfte jünger als 16 Jahre ist. In den nächsten 20 Jahren, so kalkulieren die Experten, wird sich die Bevölkerung verdoppeln. Wovon diese Menschen dann leben sollen, weiß heute niemand. Zwar könne, technisch gesehen – und nach den Plänen in den Schubladen der Entwicklungshilfeorganisationen –, die landwirtschaftliche Produktion gesteigert werden. Doch ob das ausreicht, auch die doppelte Bevölkerungszahl zu ernähren, wagt niemand genau zu beantworten.

Denn nicht nur das politische System oder die Abhängigkeit von der Weltwirtschaft hat der Entwicklungspolitik in Tansania neue Maßstäbe auferlegt, sondern auch eine neue Einsicht gewinnt in dem Land, das flächenmäßig dreimal größer als die Bundesrepublik ist, immer mehr an Bedeutung in den Überlegungen der Entwicklungshelfer. Die Abhängigkeit von der Ökologie und damit die Grenzen bei der Nutzung der natürlichen Ressourcen.

Auf den ersten Blick erscheinen solche Behauptungen einem Reisenden, der Ende November Dar es Salaam hinter sich läßt und westwärts in das Landesinnere aufbricht, als unsinnig. Das Haupttransportmittel sind die Busse. Ihre bunten Aufschriften werben nicht für eine Firma, sondern begleiten die Insassen mit den Wünschen des Fahrers: »In God we trust« oder »Back to village, baby«. Trauben von Menschen hängen an den Türen und das Gepäck auf den Bus-Dächern der Überlandlinien zieht das Fahrzeug in den Kurven jedesmal in eine bedenkliche Seitenlage. Links und rechts der Straßen blühen Büsche und Bäume, auf den Feldern hacken Gruppen von Männern, Frauen und Kindern die Erde auf. Soweit das Auge reicht ist die Landschaft von einem grünen Teppich überzogen, und die einzigen braunen Flicken darin sind Felder und Äcker. Bananenbäume, die hoch in den Himmel ragen, verraten dem Fremden bereits von weitem das Vorhandensein von Dörfern, Siedlungen und Bauernhöfen. Im Schatten ihrer großen Blätter suchen Mensch und Tier Schutz vor der brennenden Mittagssonne. Überall verkaufen Kinder Bananen und Ananas, Kartoffeln und Gemüse. In den Ortschaften haben die Bauern direkt an der Straße ihre Marktstände aufgebaut. Auf hölzernen Tischen, mit Plastikplanen und Zeltbahnen vor Sonne und Regen geschützt, bieten sie den Reichtum ihrer Felder an. Die Auswahl und die angebotene Menge ist groß, es scheint nichts zu fehlen, und das zähe Handeln gehört zum Ritual. Als ein fruchtbares Land stellt sich Tansania während dieser Jahreszeit dem Reisenden auf den langen Überlandfahrten dar. Vor allem aber fällt dem Touristen der riesige Vorrat an ungenutztem, brachliegendem Boden ins Auge, auf dem nur Dornenbüsche und Gras zu wachsen scheinen. Daß das ostafrikanische Land alljährlich Lebensmittel importieren muß, um seine 20 Millionen Einwohner zu ernähren, scheint auf den ersten Blick nicht die Folge mangelnder Ressourcen zu sein, sondern eher die wahrscheinlich noch ungelöste Aufgabe, wie diese Landschaft besser genutzt werden könnte.

Als ein »Faß ohne Boden« haben in den letzten Jahren vor allem Europäer wiederholt die Entwicklungshilfe für das Land kritisiert. Auch mit Hilfe großer Geldströme aus den Industrienationen gelang es ihnen nicht, die Landwirtschaft auf einen grünen Zweig zu bringen, im Gegenteil. Auf den Äckern gingen die Erträge der sieben Hauptprodukte für den Export mengenmäßig durchschnittlich um 17 Prozent zurück. Auch der Bau von Bewässerungsanlagen, der Einsatz von Dünger und der Import von Traktoren konnten nicht verhindern, daß in weiten Bereichen der Landwirtschaft die Erträge um teilweise bis zur Hälfte sanken. Allzugerne machen westliche Entwicklungsexperten für diese Misere das politische System in Tansania verantwortlich. Der Dollarstrom aus den Kassen der Industrienationen, so ihre Kritik, sei ohne große Wirkung von dem Tandem aus »Mißwirtschaft und kategorischer Hilfeforderung« verbraucht worden und habe bei den Behörden und Politikern die Verantwortung für das eigene Land fortgeschwemmt. Als Begründung werden jene Tee-, Tabak- und Kaffeeplantagen aufgeführt, die von deutschen und englischen Kolonialherren gegründet worden waren und bis Ende der sechziger Jahre Gewinne und Überschüsse abwarfen.

Doch dann sei der Sozialismus und mit ihm die Krise in der Landwirtschaft gekommen, als Nyerere 1967 mit der »Deklaration von Arusha« versuchte, einen praktikablen »afrikanischen Sozialismus« auf die Beine zu stellen. Heute spricht man in Tansania nicht mehr gerne von diesem Experiment. Und von Regierungsseite wird auch eingeräumt, daß Fehler gemacht worden waren. Doch die ideologische Kritik an diesem Ujamaa-Sozialismus wiegt immer noch schwerer als eine ökologische Lehre, die aus dem Modell zu ziehen ist.

Verstreut in der Landschaft, in Einzelgehöften und Dörfern, lebten damals gut 17 Millionen Menschen. Ujamaa, was mit »Gemeinschaft« oder »Brüderlichkeit« übersetzt werden kann, war ein Programm, das Produktionssteigerungen und den Aufbau einer modernen Wirtschaft auf eigenständiger Grundlage ermöglichen sollte. Die Weichen dafür stellten die Architekten des tansanischen Entwicklungsmodells in der Landwirtschaft. Kernpunkt dieser Philosophie war die Zusammenfassung der Bevölkerung in Dorfgemeinschaften, wo sie politische Selbstverwaltung üben, sich gemeinschaftlich ernähren und Kleinhandel und Gewerbe entwickeln sollten. Langsam aber sicher, so das Ziel, müßte das Land damit eine Basisstruktur bekommen, um überhaupt verwaltbar zu sein, und damit auch die Voraussetzung für eine politische Willensbildung der Bevölkerung geschaffen werden.

Zugleich sollten im Rahmen des Ujamaa-Projekts Schulen, Krankenhäuser und die Wasserversorgung aufgebaut werden, zentral an einem Ort, um Kosten zu sparen. Und damit jeder am Genuß des Fortschritts teilhaben kann, wurden aus dem ganzen Land, häufig mit der Überredungskunst der Polizeibehörden, die Menschen in über 8000 neue Ujamaa-Dörfern zusammengekarrt. In den ersten Jahren bauten die »Umsiedler« ihre Häuser. Jede Familie wurde verpflichtet, auf dem Gemeinschaftsfeld zu arbeiten, hatte aber auch die Möglichkeit, zusätzlich eigene Äcker zu bestellen. Doch bereits nach wenigen Jahren begannen in fast allen neugegründeten Siedlungen die Ernten auf den Feldern immer dürftiger auszufallen. Auch auf den Äckern jener Vorzeigemodelle, die von Staats wegen mit moderner Technik und Chemie überschüttet worden waren, sanken die Erträge zunehmend unter den allgemeinen Durchschnitt. Mit neu gerodeten Feldern – auf den alten Äckern waren nach zwei, drei Jahren die Böden unfruchtbar – versuchten die Bauern die negativen Folgen der intensiven Landwirtschaft zu stoppen. Wie die Ressource Boden, so waren aber bald auch die Quellen erschöpft und die Wälder um die Dörfer gelichtet. Neue Dörfer fraßen sich in das

Land und die Bauern mußten von Jahr zu Jahr immer weiter zu ihren Feldern laufen und immer länger wurden die Distanzen, die die Familien zurücklegten, um Feuerholz und Wasser an den Herd zu holen. Der Konzentration von Menschen an einem Ort folgte rasch die Erschöpfung der Natur. Ausgetrocknete Brunnen und lange Erosionsrinnen, die der Regen in die aufgegebenen und unbedeckten Felder zog, charakterisieren heute die Landschaft in der Umgebung zahlreicher Ujamaa-Dörfer. Vor der sich ausbreitenden Unfruchtbarkeit des Bodens kapitulierten alle politischen Ideologien, und so gestattete die Regierung den Bauern, wieder auf ihre verlassenen und weit im Lande verstreuten Höfe zurückzukehren.

Das üppige Grün während der Regenzeit und der Artenreichtum in den tropischen Regenwäldern hat seit den ersten Kolonisatoren bis heute den Glauben genährt, daß Tansania im Grunde ein reiches und fruchtbares Land sei. Doch während der Trokkenzeit zeigen sich Hunderte von Quadratkilometern in ihrer ganzen Trostlosigkeit. Die Landschaft ist ausgedörrt und verbrannt, zahlreiche Quellen sind versiegt und die Lebensadern der Natur, die Flüsse, sind entweder zum müden Rinnsal geworden oder die Sonne bleicht ihren steinigen Untergrund. Ohne Wasser kann in Tansania der riesige Vorrat an unbearbeitetem Boden und Land in dieser Jahreszeit nicht genutzt werden. Aber auch in der Regenzeit ist Landwirtschaft nicht überall möglich: Denn nur dort, wo mehr als 500 Millimeter Niederschlag im Jahr fallen, hat es Sinn, die Felder zu bestellen.

Diese Abhängigkeit der Landwirtschaft vom Regen wird in der Natur durch die einzelnen Vegetationszonen angezeigt. Je weiter man von der Küste aus nach Westen kommt, um so mehr verändert sich in den Ebenen die Pflanzendecke des Bodens. Dichte Sträucher und hohe Baumgruppen formen anfangs noch den grünen Küstengürtel und werden in Richtung Westen zum Landesinneren immer seltener. Dafür breitet sich der Dornbusch aus, der schließlich in eine Graslandschaft, die Savanne, übergeht. Vereinzelte Sträucher, Schirmakazien und der Baobab, der in seinem dicken, flaschenartigen Stamm riesige Wasservorräte für die Trockenzeit speichert, prägen die Landschaft. In ihrem Schatten wachsen Gräser, doch daneben ist in der Trockenzeit die Erde blank. Wie in allen tropischen Gebieten, so ist auch in Tansania nicht auf allen Flächen das natürliche Potential für eine

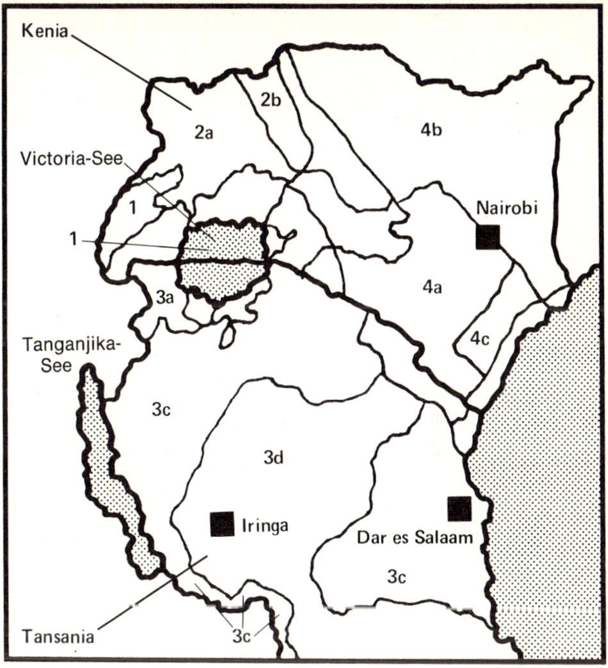

Abbildung 2: Regenfall-Regionen in Ostafrika (Kenia und Tansania).
1 Ganzjähriger Regen bis auf den Monat Januar.
2 Einziger Regenfall ab März
  a) mit kurzer Trockenperiode von Dezember bis Februar,
  b) mit langer Trockenperiode von September bis März.
3 Einziger Regenfall ab November
  a) mit starken Niederschlägen ab September und einer kurzen Trockenperiode von Juni bis August,
  b) mit starken Niederschlägen bis Juli und einer kurzen Trockenperiode von August bis Oktober,
  c) normaler Regenfall von November bis Mai und einer fünfmonatigen Trockenperiode ab Juni,
  d) kurze Schauer zwischen Dezember und April und einer siebenmonatigen Trockenzeit ab Mai.
4 Zweifache Regenzeit mit Schwerpunkten im April und November
  a) mit guten bis gemäßigten Niederschlägen im November und April,
  b) mit sehr wenigen und kurzen Niederschlägen vor allem im April,
  c) mit niedrigen Regenfällen meistens zwischen November und Dezember.

landwirtschaftliche Produktion vorhanden. Die Gründe dafür sind in drei Umweltbedingungen zu suchen, die für die ökologischen Systeme in den Tropen typisch sind:

1. Die andauernden hohen Temperaturen ermöglichen zwar einerseits eine hohe Rate der Photosynthese, aber andererseits unterstützen sie auch negative biologische, physikalische und chemische Prozesse, wie die Zerlegung und Oxydation von organischem Material und das Verwittern der mineralischen Gesteine. Hohe Temperaturen ermöglichen zudem eine rasche Ausbreitung von Krankheiten und Seuchen und ein schnelles Verdampfen von Flüssigkeit.

2. Häufig unbeachtet bleiben die Folgen des heftigen tropischen Regens. Gegenüber den Regenfällen in gemäßigten Regionen unterscheiden sich die Regenfälle in den Tropen vor allem durch ihre Menge und durch ihre Stärke; so schätzen Experten, daß über 40 Prozent des Niederschlags sintflutartig in einer Menge von 25 Millimetern pro Stunde fallen. Diese Kraft reißt unbedeckte Böden auf und schleift tiefe Erosionsrinnen in ungeschützte Hänge.

3. Das dritte Merkmal ist die extreme Abhängigkeit der Bodenfruchtbarkeit in den Tropen von organischen Stoffen in der Erde. In diesen Breitengraden ist die Abbaurate des organischen Materials fünfmal höher als in gemäßigten Regionen, was die schnelle Ermüdung und das rasche Absinken der Fruchtbarkeit tropischer Böden erklärt.

Die natürliche Nährstoffarmut der Böden ist aber nicht nur eine der Hauptursachen dafür, warum das Ujamaa-Modell an vielen Orten aus ökologischen Gründen scheitern mußte, sondern auch das Motiv für den Regen- oder Wanderfeldbau, die traditionelle Methode der Landwirtschaft in Tansania. In zahlreichen afrikanischen Ländern haben sich die Menschen mit diesem System des Ackerbaus den Bedingungen ihrer Umgebung angepaßt. Diese Produktionsmethode entspricht im Grundzug der Drei-Felder-Wirtschaft im europäischen Mittelalter, deren Kernstück die Brache war, ein Feld, das für kurze Zeit aus der Bewirtschaftung genommen wurde, damit der Boden sich wieder erholen und Nährstoffe ansammeln konnte. Allerdings unterscheidet sich die ostafrikanische Methode davon in einem Punkt wesentlich: Während in unseren Breitengraden bereits nach einem Jahr der brachliegende Acker wieder bestellt werden konnte, so ver-

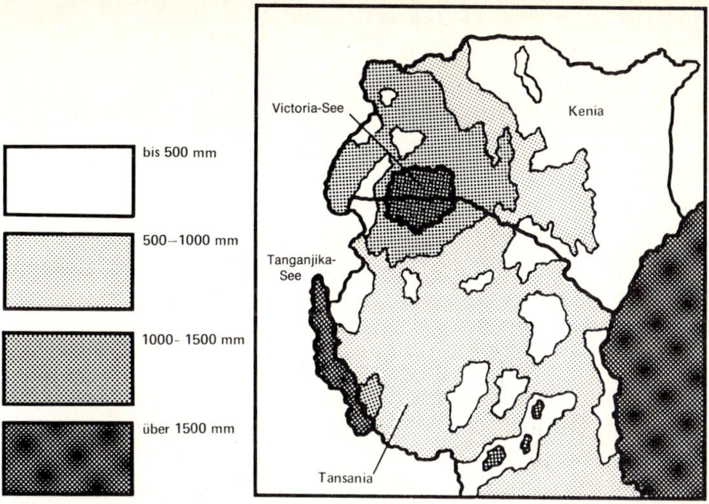

Abbildung 3: Jährliche Niederschlagsmengen in Ostafrika (Kenia und Tansania).

gehen in Tansania 15 bis 20 Jahre, zuweilen auch 80 bis 100 Jahre, bis sich im Erdreich wieder genügend Nährstoffe für zwei oder drei Ernten angesammelt haben. Die Technik des Wanderfeldbaus verschlingt in Afrika daher große Flächen, und eine Familie benötigt daher viel Naturraum, um eine ausreichende Menge für den eigenen Bedarf ernten zu können. Die Folge für den Menschen ist, daß in den Naturräumen mit diesen armen Böden nur eine dünne Besiedelung möglich ist, eine intensivere Nutzung aber das ökologische Gleichgewicht stört. Deutlich wird dies dort, wo durch Maßnahmen der Politik oder den Aufbau einer Infrastruktur die Häuser und Hütten sich zu größeren Dörfern konzentriert haben und die Familien seit mehreren Jahren nicht mehr im Wanderfeldbau weiterziehen, sondern am Ort bleiben. Landknappheit ist dafür das erste Symptom, denn die Zeiträume, in denen die Äcker zur Erholung brachliegen, werden immer kürzer, die Fruchtbarkeit der Böden sinkt ab und damit auch ihr Ertrag. Durch die intensive Nutzung beginnt die Bodenerosion vor allem nach den Regenzeiten das Land aufzureißen.

Bereits heute ist in zahlreichen Dörfern, wo die Bevölkerungsdichte die Grenzen der ökologischen Verträglichkeit überschritten hat oder erreichen wird, das Desaster vorprogrammiert: Das Umland der Siedlungen vermag die Menschen nicht mehr mit Wasser und Feuerholz zu versorgen und die ausgemergelte Erde hat nicht mehr genügend Kraft, auch künftige Generationen zu ernähren. Die wachsende Bevölkerung drückt die Natur aus dem in Jahrtausenden gewachsenem Gleichgewichtszustand und verdrängt die althergebrachte Überlebensregel, wonach die Siedlungen auf wenige Familien beschränkt bleiben und weit über das Land verstreut sein müssen, um die Ressourcen nicht zu zerstören. Denn nur drei bis fünfzehn Menschen pro Quadratkilometer ernährt die traditionelle Landwirtschaft mit diesem Boden, ohne daß es zu einer Belastung des Lebensraumes durch den Menschen kommt.

Dem Zwang, wegen dieser raschen Erschöpfung der Erde alle zwei bis drei Jahre neue Felder zu erschließen, fallen verstärkt die Wälder zum Opfer. Rauchfahnen kurz vor Beginn der Regenzeit verkünden im ganzen Land, daß seine Bewohner wieder Bäume gefällt haben, um aus deren Ascheboden das tägliche Brot zu holen. Verkohlte Baumstümpfe auf schwarzgrauen Brandfeldern zeichnen jährlich neue Muster des Naturverbrauchs in die Landschaft. Dem Feuer fallen nicht nur Gras und Dornengebüsch zum Opfer, sondern die Flammen haben auch riesige Löcher in den Regenwald gesengt und seine Grenzen immer weiter in die Gipfelregionen der Berge hinaufgeschoben. Neben der Landwirtschaft hat auch der Bedarf an Energie in Form von Feuerholz die einst dichten Waldbestände gelichtet. Der Forst liefert mangels anderer Quellen in Tansania 90 Prozent der Energie, die täglich verbraucht wird. Nach den Statistiken ist zwar immer noch mehr als die Hälfte des Landes bewaldet und zahlreiche Forstflächen stehen – auf dem Papier – unter Schutz, doch die Realität sieht anders aus: Bis zu 50 Kilometer müssen Familien pro Woche laufen, um genügend Holz für den Küchenherd zusammenzutragen. Sie sammeln und fällen dabei mehr, als in den Wäldern nachwächst. Der Bedarf an Feuerholz in ganz Tansania wurde 1980 auf 40 Millionen Kubikmeter pro Jahr geschätzt. Fachleute nehmen an, daß diese Menge bis zum Jahre 2000 auf 65 Millionen Kubikmeter pro Jahr ansteigen wird. Würde gegenwärtig nur der jährliche natürliche Zuwachs der Wälder geerntet, so wären das 20 Millionen Kubikmeter – die Hälfte der erforderlichen Holzmenge. Es ist heute schon abzusehen, daß der Energiebedarf auch weiterhin große Löcher in die vorhandenen Waldbestände schlagen wird, denn bis Ersatzaufforstungen hiebreif sind, vergehen mindestens 15 bis 20 Jahre.

Der vierte Faktor, der, neben dem Wanderfeldbau, dem Feuerholzbedarf und der wachsenden Bevölkerung, verstärkt das ökologische Gleichgewicht des ostafrikanischen Lebensraumes aus der Balance zu bringen droht, ist die Viehzucht. Eine riesige Herde mit über zwölf Millionen Rindern, Schafen und Ziegen nagt und kaut in einer Art und Weise an den Gräsern der Savannen und in den Miombo-Wäldern, daß kein Grün mehr aus dem Boden sprießt. Was das Rind noch stehenläßt, das Schaf verschmäht, wird von den Ziegen niedergemacht. Die kommende Katastrophe ist importiert und keineswegs heimisch. Vom Norden und von den Küsten her auf das Landesinnere zuwandernd, verdrängen die Rinder, Schafe und Ziegen die einheimischen Tierarten wie Elefant, Zebra, Giraffe und Gnu, die über Jahrtausende in diesen Naturräumen leben, ohne die Substanz und damit ihre eigene Existenzgrundlage zu vernichten. Bei der modernen Viehwirtschaft verhält sich dies jedoch anders. Bereits heute, innerhalb weniger Jahrzehnte, sind weite Bereiche der Savanne zerstört. »Zahlreiche Gebiete, vor allem im Norden und im Landesinneren, sind total übergrast, während in anderen Landstrichen die Viehhaltung an Krankheiten und Wassermangel scheitert.« Diese Einschätzung der Food and Agriculture Organization (FAO) zeigt nicht nur die Grenzen der Nutzung auf, die bereits heute bestehen, sondern beschreibt auch den Anfang einer Katastrophe, die vom Norden her ganz Afrika heimzusuchen droht: die langsame Ausbreitung der Wüste, durchaus auch als eine Folge des entwicklungspolitischen Konzepts der Viehhaltung.

Tee macht satt

Tansania bedeckt eine Gesamtfläche von 940 000 Quadratkilometern. Nach den letzten Schätzungen zählt die ostafrikanische Nation 20 Millionen Menschen, deren jährlicher Geburtenzuwachs bei 3 Prozent liegt. Der Großteil der Bevölkerung sind Bauern: 90 Prozent leben von der Landwirtschaft, die zu 75 Prozent den Inlandsmarkt mit Grundnahrungsmitteln versorgen. Der Rest der Ernte geht in das Ausland und bringt dem Land 50 Prozent aller Exportgewinne ein und damit die Hälfte aller Deviseneinnahmen.

Verwaltungsmäßig ist Tansania in 20 Regionen aufgeteilt, wobei in jeder die Behörden einen hohen Teil an Unabhängigkeit haben und ihre eigenen Entwicklungsschwerpunkte setzen können. Die einzelnen Regionen sind wieder unterteilt in insgesamt 88 Distrikte mit über 8000 Siedlungen. Die Orte werden nach dem Konzept verwaltet, als kleine Zentren Mittelpunkt für die umliegende Landwirtschaft zu sein und haben neben dem Bau von Schulen und Krankenhäusern die Aufgabe, sowohl private Landwirte als auch die Bauern der Kooperativen zu versorgen. Heute wird in Tansania der größte Teil des Bodens trotz aller sozialistischen Reformversuche von privaten Bauern bestellt, die den Grund von ihren jeweiligen Heimatorten für längere Zeiträume zugeteilt bekommen, ohne ihn aber jemals besitzen zu können.

Das landwirtschaftliche Potential reicht dabei von fruchtbaren Böden mit hohen Erträgen bis hin zur Trockenzone, wo kein sinnvoller Ackerbau möglich ist. Der Großteil der intensiv genutzten Flächen ist bereits so dicht besiedelt, daß der Bevölkerungsdruck an diesen Orten viele Bauern zwang, umzusiedeln und Neuland zu erschließen, meist Äcker mit weniger fruchtbarer Erde. Dort, wo der Ackerbau wegen der Armut der Böden oder der geringen Regenmengen nicht möglich ist, grasen Rinder, Schafe und Ziegen. Die Herdengrößen werden auf über zwölf Millionen Tiere geschätzt, eine Menge, die es noch nie in Tansania gegeben hatte und als Fortschritt gepriesen wird. Die Folgen sind: Vor allem im Norden und in der Landesmitte sind die Savannen überweidet und lediglich die Tsetsefliege oder der Mangel an Wasser verhindert die weitere Ausdehnung der Viehzucht.

Die Datenbasis über natürliche Ressourcen, Voraussetzung für eine exakte Entwicklungsplanung, ist für ganz Tansania nur auf einem sehr allgemeingültigen und groben Niveau. Über Formen der Landnutzung, der Böden und der Geologie gibt es Karten im Maßstab 1 : 2000000, die für eine detaillierte Landnutzungsplanung jedoch nicht ausreichen. Danach ist nahezu die Hälfte des Landes (400000 Quadratkilometer) mit Wald bedeckt, für dessen Bewirtschaftung die Forstabteilung beim Ministery of Lands, Natural Ressources and Tourism zuständig ist. 135000 Quadratkilometer dieser Flächen sind als Schutzgebiete ausgewiesen, wobei 840 Quadratkilometer Forstplantagen und Versuchsflächen sind. 16000 Quadratkilometer sind als Wasserschutzwald registriert. Der Großteil dieser Wälder wird weder systematisch bewirtschaftet noch kontrolliert. Exakte Pläne liegen nur für einzelne Waldflächen vor, die vor allem im Wirkungsbereich von europäischen Entwicklungsprojekten liegen. Daneben werden gegenwärtig 30000 Hektar Land künstlich bewässert, auf weiteren 6500 Hektar zur Zeit Anlagen gebaut. Für 13500 Hektar Acker sind die Bewässerungspläne abgeschlossen und für 2000 Hektar sind sie in Arbeit; weitere 50000 Hektar, so glauben zumindest einige Experten, könnten eines Tages mit künstlichem Regen fruchtbar gemacht werden. Pläne oder Studien dazu sind aber noch nicht in Angriff genommen worden, obwohl ein Heer von ausländischen Experten seit Jahrzehnten versucht, das Land zu »entwickeln«.

Klagen über die mangelnde Effizienz der Entwicklungshilfe in der Dritten Welt wurden aus Tansania bereits vor Jahren laut. Nicht nur intern, sondern auch nach außen lamentieren seitdem die europäischen Experten, daß die Entwicklungsarbeit in dem ostafrikanischen Staat verdampft wie der Regen auf der heißen Erde. Wohl kein Land wurde aber so intensiv und so lange mit Geldern, Experten, Projekten, Maschinen und Goodwill vollgepumpt wie Tansania. Zahlreiche private europäische Organisationen und nationale Gesellschaften haben dort ihre Musterprojekte aufgebaut, nicht nur, um humanitäre Hilfe zu leisten, sondern auch, um Absatzmärkte für die eigene Wirtschaft aufzubauen. Ihre Gebiete sind gleichsam Hoheitsbereiche der Entwicklungshilfe, in denen Vertreter anderer Organisationen nichts zu suchen haben. Ihr Wirken hat Tansania zu einem Sammelsurium an Rezepten gemacht, mit denen der Patient Ostafrika geheilt werden soll. Überall werkeln Experten vor sich hin und investieren Kapital aus Europa, wobei sich oft die Beschreibungen und Aufgaben der im Land weit verstreuten Projekte gleichen und auch dieselben Erfahrungen immer wieder aufs neue gesammelt werden, ohne daß ein gemeinsames Resümee gezogen oder vereint gehandelt wird.

Trotz der jahrzehntelangen Entwicklungshilfe besteht in Tansania noch immer ein Bedarf an guter, koordinierter Landnutzungsplanung, sowohl auf nationaler als auch auf lokaler Ebene. Große Landstriche sind weiterhin auf unverzügliche Hilfe angewiesen und ungeachtet des hohen Einsatzes an Kapital aus den reichen Industrienationen ist bei den meisten Wirtschaftsbereichen ein besorgniserregender Rückschritt in der Entwicklung zu beobachten. Falsche Zielvorgaben, vor allem aber das Bevölkerungswachstum und der daraus folgende Druck auf die knappen Ressourcen stellen allen Fortschritt wieder in Frage. Vor allem in den dichtbesiedelten Räumen fehlen Überlegungen zur Infrastruktur und Planungen in der Land- und Forstwirtschaft, die auf die lokalen ökologischen Gegebenheiten aufbauen. Statt dessen wird häufig versucht, nach europäischen Denk-Mustern und Zuwachs-Vorgaben das Land zu nutzen. Bei entsprechendem Einsatz von Kapital, Maschinen und Chemie, so die weitverbreitete Philosophie, könne der widrige Naturhaushalt in den Tropen überlistet werden. Falls es dann, wie so häufig, nicht klappt und die Weiden übergrast, die Felder von der Sonne ausgebrannt und der Boden unfruchtbar ist und der Schwemmsand die voller Hoffnung angelegten Bewässerungskanäle verstopft hat, dann führen die Entwicklungsexperten nach ihrer Rückkehr als Gründe für das Scheitern ihrer Pläne afrikanisches Mißmanagement, Arbeitsunlust oder gar Gleichgültigkeit bei den Einheimischen an.

In Tansania sind diese Probleme nur zum Teil erkannt worden. Die offizielle Landwirtschaftspolitik hat zwar 1983 Ziele gesetzt, wonach langfristig die Planung und die Nutzung der Landschaft im Hinblick auf effizientere Nutzung geändert werden solle. Die Politik entwickelte Vorgaben für eine koordinierte Planung durch die Behörden, die auch im Dezember 1983 von der Legislative abgesegnet worden waren, und wonach als ein erster Schritt eine National Landuse Planning Commission gegründet werden sollte. Diesen Zielen, zunächst für die Landwirtschaft konzipiert, schlossen sich andere Fachbereiche an: die Vieh- und Waldwirtschaft, die Fischerei und die Jagd. Doch bis jetzt wurden keine konkreten Schritte unternommen. Die National Landuse Planning Commission hat sich immer noch nicht konstituiert und die Regierung in Dar es Salaam verwarf mittlerweile einen Vorschlag der FAO, Ziele in der Landnutzungsplanung zunächst auf ihre ökologische Verträglichkeit zu überprüfen, bevor Fakten geschaffen werden. Die Politiker lehnten wohl deswegen ab, weil ihnen die Gefahr zu groß schien, den Glauben an Fortschritt und Wachstum der Einsicht opfern zu müssen, daß in der Natur langfristig nicht alles möglich ist, was auf dem Papier oder in den Labors und Versuchsanlagen scheinbar mühelos gelingt. Statt dessen überließen es die verantwortlichen Regierungsstellen lieber den zahlreichen Organisationen, eigene Ansätze und Lösungsvorschläge zur Landesentwicklung zu entwerfen. Diese orientieren sich dann aber meist an den Interessen der jeweiligen Auftraggeber (beispielsweise Viehzucht, Land- oder

Forstwirtschaft) und sind zuweilen voneinander grundlegend verschieden, ohne immer den Problemen des Landes gerecht werden zu müssen.

Vergebens forderten Mitarbeiter der FAO bislang, daß in Tansania die unterschiedlichen Ansätze und Konzepte der Planung auf einen gemeinsamen Nenner gebracht werden. Ungehört blieben bislang auch ihre Klagen, daß mehr Gewicht auf Fortbildungseinrichtungen gelegt werden sollte. Denn die Planungsbehörden leiden an einem eklatanten Mangel an Personal; vor allem fehlen Fachleute, die eine Landwirtschaftspolitik sinnvoll in die Praxis übertragen können. Von den Schulen, Universitäten und Fortbildungszentren kommt nur eine geringe Anzahl, jährlich nicht mehr als 100 Fachleute im ganzen Land, die durch ihr Studium qualifiziert sind. Der Nachwuchs aus den eigenen Reihen ist einfach zu wenig, um die Lücken füllen zu können. Außerdem leiden alle Projekte unter permanenten Nachschub- und Geldproblemen. Viele europäische Experten sind daher in erster Linie mit der Verwaltung des Mangels beschäftigt, mit dem Organisieren von Autos und Treibstoff für ihr Projekt, statt zu arbeiten, um gezielt das Land entwickeln zu können.

In dem ostafrikanischen Staat ist es dringend notwendig, Planungen für die künftige Landnutzung auf allen Ebenen zu koordinieren, sowohl auf dem nationalen Niveau als auch im kleinsten Dorf, damit nicht weiter intensive Landwirtschaft, Mais- und Tabakplantagen und die Rinderherden die letzten Ressourcen zerstören. Es gibt noch viele Landreserven und im Gegensatz zu anderen afrikanischen Staaten hat Tansania noch reichlich Wald- und Forstflächen. Fehlende Überlegungen, wie die einzelnen Standorte und Naturräume genutzt werden können, hinterlassen bereits heute nur schwer wieder zu reparierende Spuren im Naturhaushalt: Bevölkerungsdruck und große Rinderherden haben bereits an einigen Orten das Land verwüstet und die Vegetation zerstört. Die daraus folgenden Einbußen der letzten Jahre bei den Ernteerträgen betreffen bereits die Grundlagen der Nahrungsversorgung ebenso wie die Cash-Crops-Produktion, also Tee, Tabak und Sisal, mit denen auf dem internationalen Markt die Devisen verdient werden.

Die FAO hat 1985 angesichts dieser Problematik drei Forderungen aufgestellt:

Zunächst sollten die Kräfte verstärkt auf jene Gebiete konzentriert und dort die gegenwärtige Landnutzung neu überdacht werden, in denen anhaltende Zerstörung durch Überweidung, Überbevölkerung und ökologisch falsche Nutzung zu beobachten ist.

Als zweiten Schritt sollen jene Landstriche genau untersucht werden, die eine Ansiedlung von Menschen erlauben, die ihre Lebensgrundlagen entweder in der Landwirtschaft oder durch Weidesysteme erhalten können. Gleichzeitig sollten in diesen Gebieten die Grenzen der Landnutzung bestimmt und bei der Planung berücksichtigt werden, um ökologische Desaster wie in anderen Landstrichen zu vermeiden.

Erst in einer dritten Stufe sollten aufwendige Bewässerungssysteme gebaut und Brunnen gebohrt werden. Daneben fordert die FAO eine Aufforstung der Wälder mit allen Mitteln und Maßnahmen zum Landschaftsschutz, die es den Farmern erlauben, unter wirtschaftlichen Bedingungen ihre Ernteerträge zu erhöhen.

Weitere Überlegungen sind nach Ansicht einiger Experten künftig auch erforderlich, um die um sich greifende Bodenerosion und Zerstörung des Naturpotentials zu stoppen. Verantwortlich für diese Entwicklung, die viele Landstriche bereits aus dem ökologischen Gleichgewicht gebracht hat, ist vor allem der Bevölkerungsdruck. Wenn sich in den nächsten 20 bis 24 Jahren die Bevölkerung verdoppeln wird und das Land sich weiterhin – ohne Rücksicht auf die ökologischen Spielregeln – nur auf Wirtschaftswachstum bedacht entwickelt, werden alle Fortschritte spätestens dann zu Rückschritten, wenn die Grundlage einer Nation, ihr Lebensraum, nachhaltig zerstört ist. Doch die erste, dringlichste und wohl auch schwierigste Maßnahme wird es sein, den jährlichen Bevölkerungszuwachs zu bremsen und auf einem möglichst niedrigen Stand zu halten.

In Entwicklungsländern ist immer wieder zu beobachten, daß in der Landwirtschaft bevorzugt jene Produkte angebaut werden, mit denen im Export viel Geld verdient werden kann. Die Produktion von Nahrungsmitteln aber, die zur Selbstversorgung der Bevölkerung notwendig sind, scheint vernachlässigt zu werden. Auch in Tansania ist dieser Widerspruch offenbar. Auf nährstoffreichen Böden in guten Lagen reifen Tee und Kaffee für den Weltmarkt heran, während das Land selbst seine Einwohner nicht mit dem täglichen Brot versorgen kann: 1980/1981 importierte Tansania 65 200 Tonnen Reis, wobei knapp 51 000 Tonnen als Spende von der Internationalen Welthungerhilfe zur Verfügung gestellt wurden. Mittlerweile scheint sich die Regierung ganz auf die regelmäßigen und kostenlosen Weizenlieferungen zu verlassen. Während 1975/1976 das Land noch 14400 Tonnen regulär eingekauft hatte und 45700 Tonnen umsonst geliefert bekam, war man spätestens ab 1980 in Tansania nicht mehr bereit, für Weizen Geld auszugeben. Und aus den Silos der reichen Industrienationen floß der Getreidestrom ungehindert und umsonst weiter: Mit 46300 Tonnen wurde das Defizit der eigenen Produktion 1984 wieder ausgeglichen. Seit 1975 hat sich auch der Bedarf an Reis verdoppelt, der vom Ausland importiert werden mußte. Damals waren es noch 106500 Tonnen, 1981 bereits 274600 Tonnen. 1984 wurden 194300 Tonnen verteilt, wovon allerdings ein gutes Drittel andere Staaten bezahlten.

Warum also exportiert Tansania Kaffee und Tee und führt die wichtigsten Grundnahrungsmittel ein? Die Antwort gibt eine Studie des tansanischen Landwirtschaftsministeriums aus dem Jahr 1985. Danach werden die harten Devisen, die mit dem Tee und Kaffee verdient werden, für die landwirtschaftliche Produktion der Grundnahrungsmittel gebraucht. 1985/1986 benötigte Tansania 167 Millionen US-Dollar für Investitionen, um die Erträge der zwölf Hauptfruchtarten auf eigenem Boden auf dem gegenwärtigen Stand zu halten. Hinzu kamen 18 Millionen US-Dollar für den Import von Erdöl, das für Traktoren und Lastfahrzeuge gebraucht wird. Damit gehen gut die Hälfte der insgesamt 186 Millionen US-Dollar vom Exportgeschäft direkt in die Produktion, 20 Prozent in die Verarbeitung und mit dem Rest wurde das Transportwesen subventioniert.

Allerdings, so räumt die Studie ein, hat es keinen Sinn, mit den Exportfrüchten noch mehr Devisen zu produzieren. Denn die »größten Hindernisse in der landwirtschaftlichen Entwicklung haben ihre Ursachen nicht im mangelnden Kapital für Investitionen, sondern stoßen an natürliche Grenzen«. Seit 1975 ging Jahr für Jahr die landwirtschaftliche Produktion stetig um ein Prozent zurück, wobei jedoch der Kapitaleinsatz gleich geblieben war. Bei diesem Trend, so rechnet die Landwirtschaftsbehörde vor, würde bei der gegenwärtigen Preissteigerungsrate im Transportwesen, bei Düngemitteln und Traktoren eine Erhöhung des Deviseneinsatzes zugunsten der Landwirtschaft die Produktion nicht nennenswert steigen.

Mit dem Export von landwirtschaftlichen Produkten verdiente Tansania 1985/1986 nahezu 380 Millionen US-Dollar an Devisen. Davon flossen 180 Millionen Dollar wieder in jene Bereiche der Landwirtschaft zurück, die zur Versorgung der Bevölkerung die Felder bewirtschaftet. Mit dem Geld wurden Traktoren und Dünger gekauft. Für jeden Dollar zugunsten dieser Investitionen mußten auf dem Weltmarkt Produkte im Wert von 3,5 Dollar verkauft werden. Bei diesem Beispiel wird bereits der Zwang in Tansania deutlich, für den Export produzieren zu müssen: Denn ohne die Deviseneinnahmen kann auch nicht die Produktion für den Eigenbedarf unterstützt werden. Sinken aber die Weltmarktpreise für Tee und Kaffee, so verringert sich auch das dringend erforderliche Investitionskapital zur weiteren Entwicklung und zum Aufbau der Versorgung des Landes mit eigenen Nahrungsmitteln. Mit 80 Millionen US-Dollar aus den Devisen wurde der Anbau von Mais, Cassave, Zucker, Weizen und Reis unterstützt. Dem Staat spart dies auf der anderen Seite 108 Millionen Dollar an Nahrungsmittelimporten ein. Allgemein bedeutet das, daß für jeden Dollar, der in die Landwirtschaft fließt, Nahrungsmittel produziert werden, die für 1,35 Dollar auf dem Weltmarkt eingekauft werden müßten. Doch bei einer Untersuchung der einzelnen Anbauarten eröffnen sich erhebliche Differenzen. Während Mais und Reis im Inland billiger produziert werden können als deren Kaufpreis auf dem Weltmarkt ist, kommt in Tansania die Produktion von Cassave, Zucker und Weizen teurer als der Import dieser Erzeugnisse. Würde das Land diese Nahrungsmittel heute im Ausland einkaufen, könnte viel Geld gespart werden.

Am ökonomisch sinnvollsten produzieren bei den gegenwärtigen Weltmarktpreisen die tansanischen Bauern daher noch für den Export. Die Landwirtschaftsbehörden in Dar es Salaam folgern daraus: läßt man das Ziel der Selbstversorgung, beispielsweise mit Mais, außer acht, soll das Land künftig »stärker die vorhandenen Ressourcen für die Produktion von Exportfrüchten nutzen« und »Luxusnahrung« wie Zucker und Weizen importieren. Um die landwirtschaftliche Produktion auch mit Nahrungsgütern zur Selbstversorgung auf dem gegenwärtigen Stand zu halten, benötigt das Land 27 Prozent seiner Deviseneinnahmen. Würde es darauf verzichten, so folgern die Behörden in Dar es Salaam, fehlt in den Kassen das Geld für Agrarchemikalien, Düngemittel, Geräte und das notwendige Benzin. Die Folge davon wäre, daß »auf den Feldern Tansanias noch weniger produziert werden könnte als bisher«.

In dem Wettlauf zwischen der wachsenden Bevölkerung und dem steigenden Bedarf an Nahrungsmitteln zeichnet sich in Tansania damit bereits heute eine Entwicklung ab, für die es keine eindeutige Lösung gibt. Da die landwirtschaftliche Produktion ihre Grenzen in geologischen und klimatischen Gegebenheiten findet und daher nicht beliebig gesteigert werden kann, müssen die Verantwortlichen die Entscheidung zwischen zwei Alternativen fällen: entweder für den Export zu produzieren oder das politische Ziel der Selbstversorgung zu erreichen versuchen. Letzteres kann heute nur noch durch die Aufnahme von Schulden erreicht werden. Entscheiden die Politiker nach wirtschaftlichen Kriterien und fördern den Anbau von Exportfrüchten, so bleibt das politische Ziel der Selbstversorgung auf der Strecke. Doch dies wäre die einzige Chance, die für den Bedarf notwendigen Lebensmittel auf dem Weltmarkt einzukaufen. Diese Perspektive wäre aber nur dann realistisch, wenn die Weltmarktpreise zumindest auf dem gegenwärtigen Niveau bleiben würden.

Kinder sind der einzige Reichtum

Häufig scheinen dem Europäer die Menschen, denen er in Tansania begegnet, bereits »verwestlicht«. Kofferradio, Cola, Jeans und Popmusik, in der Oberschicht Statussymbole wie Videorecorder und Auto, sind zumindest die äußeren Anzeichen des Wandels. Bei einem längeren Kontakt mit Einheimischen, sowohl in der Stadt als auch auf dem Land, wird offenbar, daß aber doch kein totaler Bruch mit den Formen des traditionellen Lebens stattgefunden hat. Althergebrachte Kulturelemente, Philosophie und Religionen prägen auch heute noch die Einstellung vieler zum Leben. Dazu gehört einerseits die Anschauung, daß es im Leben nicht alleine darum gehen sollte, materielle Güter anzuhäufen, sondern daß man arbeitet, um zu leben und nicht umgekehrt. Ein anderer Schwerpunkt liegt nach wie vor auf der Gemeinschaft. Strenge Hierarchien und die Einordnung in Großfamilien prägen immer noch die zwischenmenschlichen Beziehungen. Daran konnte auch bislang die weiße Herrschaft – zuerst als Kolonialoffiziere und Missionare, dann unter dem Deckmantel der Entwicklungshilfe – kaum etwas ändern. Eine Vielfalt an Stämmen von verschiedener unterschiedlicher Herkunft, mit unterschiedlichen Gesellschaftsformen, kulturellen Traditionen und Sprachen, aus denen heute die tansanische Nation besteht, prägt den ostafrikanischen Staat. Die Aufteilung nach Religionsgemeinschaften ergibt folgendes Bild: Ein Drittel der Bevölkerung sind Moslems, ein knappes Drittel Christen und der Rest zählt zu den Anhängern der Naturreligionen. Die Aufsplitterung nach Sprachen zeigt, daß 90 Prozent der Bevölkerung die Bantusprache beherrschen, wovon es allerdings zahlreiche Dialekte gibt. Die Massai pflegen ihren nilotischen Wortschatz und die Iraquw weiterhin ihr cushitisches Vokabular. Doch mehr als die Einteilung nach Sprache und Religion bestimmt die Zugehörigkeit zu den fast 130 Völkern den kulturellen Hintergrund Tansanias. Mit zirka 2,3 Millionen Angehörigen stellen die Sukuma den größten Anteil, gefolgt von den Stämmen der Makonde, der Chagga und der Haja, die jeweils zwischen 0,6 und 0,7 Millionen Köpfe zählen. Diese Angaben basieren auf der Volkszählung von 1978. Danach scheute sich die Regierung, nach der Stammeszugehörigkeit zu fragen, da die Aufteilung nach einzelnen Völkern dem Aufbau eines Nationalbewußtseins als hinderlich empfunden wurde. 90 Prozent der Einwohner Tansanias leben verstreut auf dem Land. Die Gründung ihrer Dörfer und Siedlungen haben Bodenqualität, Regenzeiten und -mengen und die Verbreitung der Tsetsefliege bestimmt. Größere Orte sind meist während der Kolonialzeit entstanden. Während das Land dünn besiedelt ist, hat der Bedarf an Arbeitskräften auf den Plantagen wie in Arusha oder an den Umschlagplätzen wie in Dar es Salaam zu einer Bevölkerungskonzentration geführt, die ein typisches Merkmal ehemaliger weißer Herrschaftsgebiete ist.

Prächtige Kolonialbauten zeugen noch heute vom Glanz vergangener Pracht. Langsam aber sicher nagt jedoch der Zahn der Zeit an den steinernen Fassaden, hinter denen die weißen Herren einst Zuflucht vor den Völkern der Steppe suchten. In den Städten Dar es Salaam und Arusha versuchen heute Denkmalschützer, den zu Stein gewordenen Geist christlich-abendländischen Sendungsbewußtseins zu erhalten, der sich in den weiten Savannen kaum durchsetzen konnte. Denn dort tragen Kinder immer noch Ringe am Hals oder am Handgelenk, in der Mitte der Bauernhöfe stehen gegabelte Pfosten, alte Kürbisse hängen an Bäumen und Asche schwärzt den Eingang: Glaubenszeichen, mystische Lebenssymbole, die bislang kein Christengott verdrängen konnte. Dabei kennen die meisten Völker Afrikas nur einen Gott, der, ähnlich dem abendländischen Christentum, die Welt erschaffen hat, und das höchste Wesen ist. Vergleichbar mit den Engeln und Teufeln der christlichen Kirchen beeinflussen in den afrikanischen Religionen die Geister das Leben der Menschen. In Form von Naturkräften oder in Gestalt eines Menschen, der zu einem Heiligen aufgerückt ist, verbinden diese die Welt des himmlischen Gottes mit dem irdischen Dasein. Eine besondere Stellung nehmen dabei die Ahnen ein. Auf der einen Seite vermitteln sie zwischen Gott und den Geistern, als verstorbene Vorfahren gehören sie zur Familie, um auch nach ihrem Tod noch über Sitte und Ordnung zu wachen. Ihnen werden Opfer und Speisen gebracht, solange sie noch in der Erinnerung ihrer Nachfahren lebendig sind. Von der Verehrung der Enkel hängt auch ihr Einfluß auf die Familie ab. Die Ahnen haben so lange daran Anteil, wie ihrer gedacht wird, und erst mit dem Tod der Nachkommen, und damit der Erinnerung, »sterben« auch die Verstorbenen. Möglichst lange, auch als Ahne, am Fluß des Lebens teilzunehmen, ist daher der Wunsch eines jeden traditionsbewußten Afrikaners. Erfüllt wird er nur durch eine große Anzahl von Kindern und Familienangehörigen: Die Großfamilie mit mehreren aufeinanderfolgenden Generationen ist daher nicht nur aus sozialen und wirtschaftlichen Gründen, sondern auch aus religiösen Motiven zur Kernzelle der afrikanischen Gesellschaft geworden – mit der Heirat, der Zeugung und der Geburt als wichtigste Ereignisse des Lebens.

Die Bedeutung dieser Gemeinschaft hat in zahlreichen rituellen Handlungen konkrete Formen angenommen, die den einzelnen erst zum anerkannten Mitglied der Gesellschaft machen. Werdende Mütter müssen so zahlreiche Tabus beachten, um ihre Kinder vor schädlichen Einflüssen zu bewahren. Mit den Riten der Initiation, die Mädchen und Jungen auf das Leben als Erwachsene vorbereiten, ist bei vielen Stämmen nicht nur eine sexuelle Aufklärung verbunden, sondern gleichzeitig auch eine Unterweisung in die Rechte und Pflichten als Mitglieder der Gemeinschaft. Die Brautgabe, häufig falsch als »Brautpreis« be-

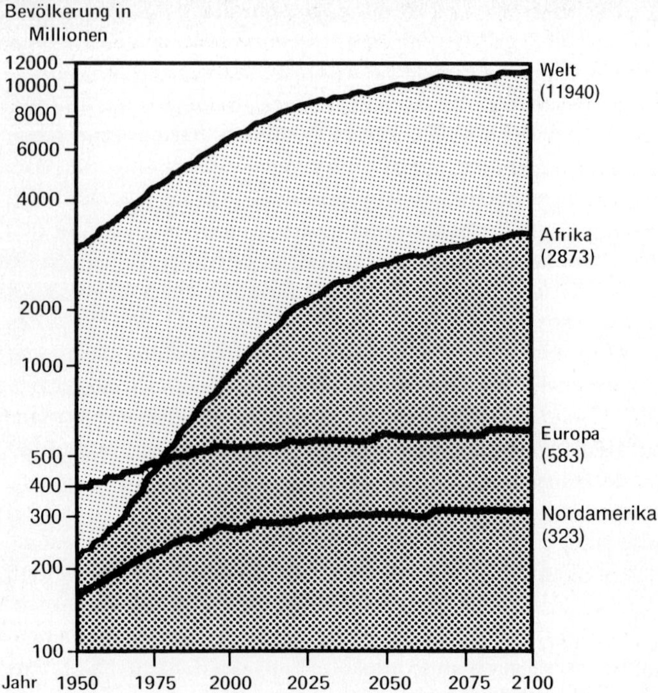

Abbildung 4: Erwartete Bevölkerungsentwicklung bis zum Jahre 2100: Während in den Industrienationen Europas und Nordamerikas der Bevölkerungszuwachs keine nennenswerten Steigerungen erfährt, wird sich in dem gleichen Zeitraum in Afrika die Zahl der Menschen verdoppeln. (Quelle: Demeny 1984.)

zeichnet, ist eine materielle Absicherung für die Frau, falls sie ohne eigene Schuld von ihrem Mann verstoßen wird, und gleichzeitig eine Abfindung an die Familie für den Verlust einer Arbeitskraft. Die Polygamie (Vielehe) scheint zwar heute an Bedeutung zu verlieren, doch in Tansania teilt noch jeder dritte bis vierte Mann sein Leben mit mehr als einer Frau. Ziel dieser Gemeinschaft ist es nicht nur, mit den Frauen als Arbeitskraft der Familie einen höheren Status zu verschaffen, sondern auch möglichst viele Kinder in die Welt zu setzen.

Nicht alleine wegen der einst hohen Kindersterblichkeit, sondern auch, weil die Einstellung gegenüber Großfamilien und Kinderreichtum religiöse Wurzeln hat, sind die Geburtsraten weiterhin wesentlich höher als in den Industrieländern. Hinzu kommt, daß Erziehung, Aufklärung und eine verbesserte medizinische Betreuung durch internationale Hilfsorganisationen die Überlebenschancen für Säuglinge drastisch erhöht haben. Eine Folge des verbesserten Gesundheitswesens ist aber auch eine gestiegene Lebenserwartung. Für Tansania – wo heute knapp die Hälfte der Einwohner unter 16 Jahre alt ist – bedeutet diese Entwicklung, daß die Bevölkerung kontinuierlich zunehmen wird. Experten gehen von einem jährlichen Zuwachs von 3,0 Prozent aus. Danach wird sich in dem ostafrikanischen Staat bis zum Jahre 2000 die Bevölkerung verdoppelt haben. Tansania ist dabei nicht ein Einzelfall, sondern lediglich ein Beispiel, das typisch für die Situation in den Ländern der Dritten Welt ist. In diesen Staaten geht der Bevölkerungszuwachs nicht allein auf eine hohe Geburtenrate zurück, sondern ist auch auf den schnellen Anstieg der allgemeinen Lebenserwartung zurückzuführen. Aus umfangreichen Statistiken und Untersuchungen über Todesursachen ergab sich bislang zweierlei: Schneller als in den westlichen Industrienationen vollzog sich in den Entwicklungsländern der Übergang von einer hohen zu einer niedrigen Mortalität, und dieser Rückgang der Sterblichkeit ist in erster Linie ein Ergebnis der erfolgreichen Bekämpfung einiger weniger (Infektions-)Krankheiten. Vor allem dem Engagement von Kirche und Entwicklungshilfeorganisationen ist diese rasche und kontinuierliche Abnahme der Sterblichkeitsrate zu verdanken. Mit relativ einfachem Aufwand und medizinisch-hygienischen Praktiken wie die Impfung, die Bekämpfung von Krankheitsüberträgern mit Chemikalien und das Trockenlegen von Sümpfen beseitigten sie zunächst vor allem die Ursachen von Seuchen und Epidemien auf einer breiten Basis. Das Ziel, das Sterblichkeitsniveau zu senken, war zudem häufig das Einzige, das weder auf staatlicher, religiöser oder kultureller Ebene von den jungen Staaten abgelehnt worden war. Heute ist bereits der Punkt erreicht, wo weitere Verbesserungen nur noch mit aufwendigen und teueren Anstrengungen erreicht werden können. Doch trotz aller Rückschläge in der Krankheitsbekämpfung, wie jüngst bei der Malaria, deren Erreger sich zunehmend resistent gegenüber den bekannten Medikamenten erweisen, rechnen die Experten nicht mit einem weiteren Ansteigen der Sterblichkeitsrate. Insgesamt, so die Analyse ihrer zahlreichen Einzelstudien, ist damit die Mortalität in den Entwicklungsländern auf ein Niveau gebracht worden, das sich langsam stabilisiert. Die Sterblichkeitsrate steigt nicht mehr an, sinkt aber auch nicht ab.

Während die Ursachen für die hohe Sterblichkeitsrate heute weitgehend verbannt sind – außer dem Hunger – und die Weltgesundheitsorganisationen erfolgreich in den Ländern der Dritten Welt das Leben verlängern, gibt es über die Fruchtbarkeit der Menschen und damit den Bevölkerungszuwachs kaum gesicherte Aussagen. Grundlegend besteht ein erheblicher Unterschied zwischen den Geburtenraten in den Industrie- und in den Entwicklungsländern. Niemals wurden in Mitteleuropa Werte registriert, die annähernd denen der Dritten Welt von heute entsprechen. Verantwortlich dafür sind vor allem soziale Strukturen: Im christlichen Abendland ist heute das durchschnittliche Heiratsalter sehr hoch und zudem bleibt ein hoher Prozentsatz von Männern und Frauen ledig.

Außerdem mußte in unserem Kulturkreis bislang ein Mann vor seiner Vermählung erst einmal nachweisen, daß er in der Lage sei, überhaupt eine Familie zu ernähren. Bei größeren Familiengemeinschaften ist dies keine leichte Aufgabe, da mehrere Kinder auch eine erhebliche wirtschaftliche Belastung mit sich bringen. Allgemein hat der Geburtenrückgang in Europa unter verschiedenen sozialen, ökonomischen und demographischen Bedingungen eingesetzt, ohne daß die eine oder andere Ursache bis heute ganz klar nachweisbar ist.

Weniger einheitlich dagegen ist das Bild in den Entwicklungsländern. Zwischen 1950 und 1978 verringerte sich nur in 16 lateinamerikanischen und 14 asiatischen Ländern die Geburtenrate um mehr als 10 Prozent. Von den bevölkerungsstarken Nationen haben lediglich Taiwan, die Volksrepublik China, Südkorea sowie Kolumbien und Chile einen außergewöhnlichen Rückgang zwischen 37 und 50 Prozent zu verzeichnen. Andererseits gab es in dieser Zeit auch Länder, in denen die Geburtenrate trotz aller sozialen Fortschritte und Aufklärungskampagnen weiter anstieg beziehungsweise sich kaum veränderte. Aus den unterschiedlichen Bildern der Datenreihen ergeben sich keine eindeutigen Hinweise, die den Zusammenhang zwischen dem Bevölkerungs-

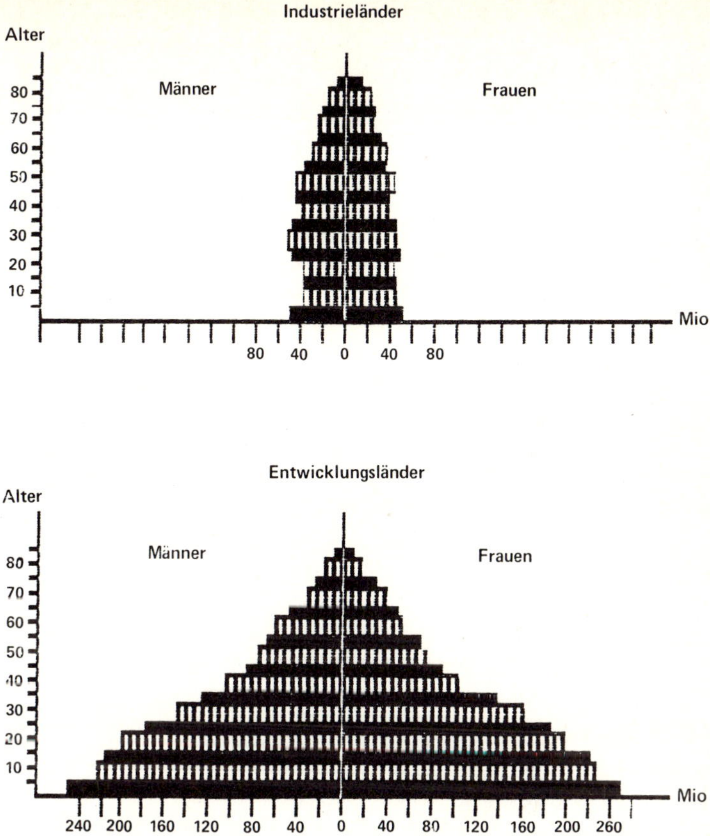

Abbildung 5: Bevölkerungsvergleich Industrie- und Entwicklungsländer.

wachstum und dem wirtschaftlichen und sozialen Niveau erkennen lassen. In Asien und in einigen lateinamerikanischen Ländern konnte zwar die Zuwachsrate gesenkt werden, doch in Nordafrika sind die Veränderungen nur minimal und in Schwarzafrika überhaupt nicht feststellbar. In verschiedenen afrikanischen und asiatischen Staaten zeigen die höheren Geburtenraten in den Städten sogar, daß die Kinderzahl auch bei einem höheren Bildungsniveau und Lebensstandard nicht geringer wird.

Keinen Hinweis liefern auch Angaben über das Bruttosozialprodukt. Die Geburtenraten in Ländern mit höchst unterschiedlichen Jahreseinkommen sind gleich. Sozioökonomische Faktoren scheinen daher einen geringen Einfluß auf die Fruchtbarkeit der Familien in der Dritten Welt zu haben. Auch moderne Techniken der Empfängnisverhütung müssen nicht notwendigerweise die Familiengrößen verringern. Sie dienen eher dazu, traditionelle Verhaltensweisen aufzulösen und Moralvorstellungen durch neuere, freizügigere Anschauungen zu ersetzen.

Die alten Nomadenfamilien Ostafrikas hatten dagegen ihre eigenen Regeln, um die Größe und Zahl der Familien zu begrenzen. Bei ihnen war einst das Wachstum der Völker direkt dem der Herden angepaßt: Junge Männer durften erst dann heiraten, wenn die Herde des Vaters so groß war, daß sie geteilt werden konnte, um eine zusätzliche Familie ernähren zu können. Die Bevölkerung konnte daher nicht schneller wachsen als der Viehbestand: Eine Kamelherde braucht in der Regel mindestens zehn Jahre, um sich zu verdoppeln, und dementsprechend gering war auch die Häufigkeit der Familienneugründungen. Heute sind diese Traditionen durch missionarischen Eifer und moderne Entwicklungspolitik weitgehend verdrängt. Man sagt den Menschen zwar deutlich, daß sie bei der Familienplanung die Zahl der Kinder einschränken sollen, ohne ihnen aber dafür eine Motivation zu liefern. Regelte früher noch die Arbeitskraft und die Ernte das Wachstum der Dörfer, so haben heute moderne Agrartechnik und kostenlose Hungerhilfe diese natürlichen Barrieren gesprengt. Hinzu kommt, daß in der Dritten Welt immer noch die direkten und indirekten Kosten des Kindersegens wesentlich geringer sind als in den Industrienationen, der Nutzen aber sowohl in wirtschaftlicher als auch in sozialer Hinsicht nach wie vor beträchtlich ist.

Die entscheidende Frage wird für Tansania daher lauten, ob das Land mit seinen ökonomischen und ökologischen Ressourcen in der Lage sein wird, doppelt so viele Menschen wie heute zu ernähren. Ungeachtet der bereits heute existierenden Probleme – Rückgang der Agrarproduktion, zusätzliche Einfuhr von Nahrungsmitteln und Mangel an Energie in Form von Feuerholz, Kohle und Rohöl – deutet die vorsichtige Bilanzierung des Bevölkerungswachstums und der zur Verfügung stehenden Landressourcen darauf hin, daß die Pro-Kopf-Nahrungsmittelproduktion nicht nur auf dem heutigen, unzureichenden Stand bleiben, sondern künftig auch noch weiter zurückgehen wird.

Zwar gibt es in Tansania große Landstriche, die weder forstlich, landwirtschaftlich und auch noch nicht für die Viehzucht genutzt werden. Klimabedingungen und die Armut der Böden begrenzen jedoch auf diesen Flächen die Erträge. Und dort, wo die Erde fruchtbar ist und mit intensivem Ackerbau bewirtschaftet wird, ist die Bevölkerungsdichte bereits bedenklich. In Tansania zeigen heute schon diese Stellen, an denen die ökologische Tragfähigkeit der Landschaft unter der Dichte der Menschen zusammengebrochen ist, daß auch die nächsten Generationen hier keine Existenzgrundlage mehr haben werden. Der Wanderfeldbau gibt immer größere Flächen der Erosion preis, der Überweidung der Savannen durch Rinder folgt die Desertifikation und der Energiebedarf hat bereits dazu geführt, daß in vielen Gebieten der jährliche Holzeinschlag höher ist als der Holzzuwachs in den Wäldern.

Diese Fülle an Problemen, die Entwicklungen und deren Folgen werden wohl in keinem Teil Tansanias deutlicher sichtbar wie in der Iringa Region im Südwesten des Landes. Nicht ohne Grund ist dieser Landesteil zu einem Experimentierfeld europäischer Entwicklungshilfeorganisationen geworden. Von der Savanne bis zum Regenwald, vom Regenfeldbau bis zur Teeplantage, von wandernden Massais bis hin zu komplexen Industrieanlagen finden die Experten ein vielfältiges Aufgabengebiet, um für Probleme Lösungen und Modelle zu entwickeln, aber auch aus Fehlern der Vergangenheit zu lernen.

Die Natur macht Auflagen

Das Wasser weckt nur begrenzt Leben

Von Dar es Salaam aus gelangt man über Morogoro nach Iringa. Die Distrikthauptstadt im Südwesten Tansanias mit gut 60000 Einwohnern liegt 1600 Meter hoch auf einem Felsplateau. Die Deutschen hatten 1896 dort ein Fort erbaut, um sich vor den Guerilla-Angriffen der einheimischen Hehe zu schützen. Noch heute erinnert man sich an die »kriegerische Auseinandersetzung«, wie es in den europäischen Geschichtsbüchern heißt, oder an die »blutigen Gemetzel«, von denen die Afrikaner sprechen. Unweit von Iringa, in einem Dorf, steht ein kleiner Rundbau. Touristen können hier das einbalsamierte Haupt eines Hehe-Führers bewundern, der den Kolonialherren erbittert Widerstand geleistet hatte und dafür von ihnen geköpft worden war. An die deutsche Herrschaftsepoche erinnern aber nicht nur die Geschichten, sondern auch die Bauten. Mit Ziegeln gedeckt und aus festem Stein haben sie sich bis in die Gegenwart erhalten und

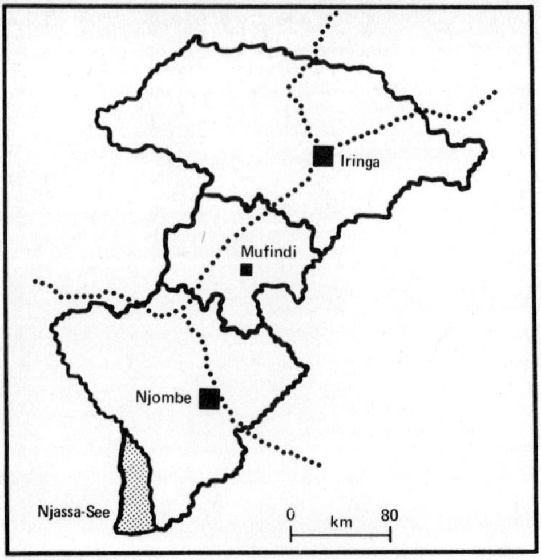

Abbildung 6: Iringa-Region.

der Bauzustand ist sogar derart gut, daß in den Räumen des ehemaligen Forts die Polizeiwache und die Distriktverwaltung untergebracht sind.

Im Gegensatz dazu stehen entlang den Straßen nach Iringa zahlreiche Bauruinen. Dies waren einst Wohnhäuser und Bauernhöfe mit Lehmmauern, die von ihren Bewohnern aufgegeben wurden. Auffallend ist dabei die Zahl dieser Ruinen: Sie erhöht sich, je weiter man sich von Iringa entfernt und je häufiger die Häuser nach der traditionellen Bauweise mit Schilf und Gras gedeckt sind. In der Nähe der Stadt überwiegen dagegen deutlich die Häuser mit Dächern aus stabileren Plastikplanen und Wellblech. Die Vorteile sind eindeutig: Wo ein festes Dach den trommelnden Kräften der tropischen Platzregen trotzt, halten die traditionellen Wohnhäuser mit ihren Ziegel-Lehm-Wänden länger. Wer es sich bereits leisten kann, sucht sein Haus daher durch Planen und Bleche zu schützen, um nicht alle zwei bis drei Jahre eine neue Hütte bauen zu müssen. Denn älter wird durchschnittlich kein Haus mit Schilfbedeckung. Drei bis fünf Regenzeiten genügen, diese Dächer zu durchlöchern, die verlassenen Häuser fortzuspülen und die Ruinen dem Erdboden gleichzumachen.

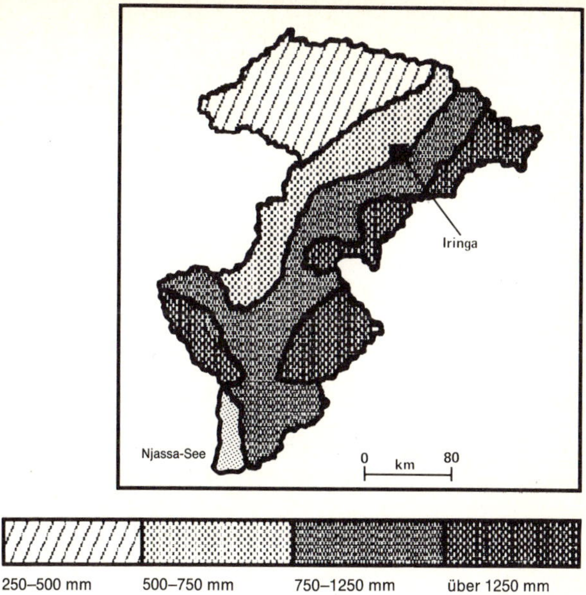

Abbildung 7: Jährlicher Niederschlag in der Iringa-Region.

Ein Jahr später bedeckt dann eine dichte Grasnarbe mit Büschen die ehemalige Wohnstätte. An diesem Beispiel offenbart der Tropenregen seinen doppelten Charakter: Auf der einen Seite seine zerstörerische Stärke, die Häuser und Hänge fortzuspülen vermag, auf der anderen Seite seine lebensspendende Kraft, ohne die in der Iringa-Region kein Wachstum möglich wäre.

Gut 1,2 Millionen Menschen leben gegenwärtig in dieser südwestlichsten Region Tansanias, die insgesamt eine Fläche von 12200 Quadratkilometern umfaßt. Sonne und Regen teilen hier den Jahresablauf in zwei Hälften: In die Regenzeit, von Dezember bis April, in der die Hauptniederschläge fallen und die Landschaft sich in einem satten Grün präsentiert, und in die Trockenperiode während der übrigen Monate. In dieser Zeit liegen weite Gebiete von der Sonne ausgebrannt und dürr. Auch wenn diese beiden Perioden für die ganze Region gelten, so fallen die Niederschläge nicht gleichmäßig auf das Land, sondern wechseln ihre Stärke und Dauer mit der Topographie. Von Nordwesten nach Südosten erstreckt sich ein weites Plateau mit steilen Böschungen und Hängen auf der Ostseite, die bis hinab in das Kilumbero-Tal reichen. Auf der Westseite hingegen fallen die Berge langsam bis in das Tal des Great Ruaha ab. Zwischen Mufindi und Njombe geht das Hochland dann steil in die Kipingere Mountains über, die nach den Livingstone-Bergen steil abfallen zum Njassa-See. Dieser topographische Querschnitt und die damit verbundenen Luftströmungen, die von der Oberfläche des Njassa-Sees aufsteigen, sind die Hauptdeterminanten, die den Regenfall in der Iringa-Region beeinflussen. Sie bestimmen nicht nur die Dauer der Regenzeit, die im Hochland von Mufindi und im westlichen Njombe bis zu sieben Monate dauert, und die Stärke der Niederschläge, sondern auch die Temperaturen in dem Land. Sie erlauben in einer Höhe von 1500 Metern zwar den Anbau von Getreide, Früchten und Gemüse, doch für Mais ist die Wachstumsperiode viel zu kurz. Auch der Frost gefährdet in dem Hochland Tee und Kaffee. Vor allem in den Monaten Juli und August sammeln sich in den weiten Tälern kühle Luftmassen. Unter ihrem Einfluß erfroren während einer länger anhaltenden Kälteperiode 1975 große Teile der Teeplantagen in Njombe und Ludewa. Durchschnittlich fallen in diesem Bereich der Berge 750 bis 1200 Millimeter Regen in den ersten vier Monaten des Jahres. In den tiefer gelegenen Regionen dagegen werden 500 bis 750 Millimeter Regen jährlich gemessen. Im Nordwesten, wo der Ruaha-Nationalpark auf einer Fläche von 2200 Quadratkilometern für Besucher zugänglich ist, sinkt die Niederschlagsmenge sogar noch weiter ab: Dort regnet es nur noch 250 bis 500 Millimeter pro Jahr.

Die Grenzen, die die Topographie und die Niederschlagsmenge gemeinsam setzen, sind auch unüberwindbare Barrieren für die Landwirtschaft. Sinnvoller Ackerbau ist nur dort möglich, wo jährlich mindestens 500 Millimeter Regen fallen. Bereits unter diesem Aspekt kommt gut ein Viertel der Iringa-Region für eine intensive Landwirtschaft mit Ackerbau nicht mehr in Frage.

Der Boden ist eine dünne Schale ohne ausdauernde Kraft

Auch wenn in weiten Gebieten die Niederschlagsmengen gerade für eine Anbauperiode ausreichen, so kommt in der Iringa-Region neben dem Regenfall die unterschiedliche Fruchtbarkeit der Böden als ein weiterer Faktor dazu, der die landwirtschaftliche Nutzung einschränkt. Die tropischen Klimabedingungen, wie große Temperaturunterschiede zwischen der Trocken- und Regenzeit, bewirken eine tiefe Verwitterung des Bodens bis in das Grundgestein. Dieses Ausgangsmaterial vermag zusammen mit den vermodernden Pflanzenresten auf der Erdoberfläche eine dünne Humusschicht zu bilden. Doch bei längeren Dürreperioden und bei einer dünnen Vegetationsdecke trocknet die Erdoberfläche wieder rasch aus. Dabei werden gelöste Stoffe wie Kieselsäure aus der Tiefe nach oben gezogen und mit dem nächsten Regen ausgespült und weggewaschen. Die Folge ist eine einseitige Anreicherung mit Tonerde, die, bereits von weitem sichtbar, den Boden rot färbt und seine Oberfläche mit der Zeit völlig verkrusten läßt. Aus dieser tonhaltigen Erde formen die Einheimischen Ziegel, die bereits durch das Trocknen an der Luft steinhart werden. Solche Erde ist aber für die Landwirtschaft alles andere als geeignet. Nicht nur ihre Nährstoffarmut, sondern auch ihre Unfähigkeit, das für das Pflanzenwachstum notwendige Wasser zu speichern, verhindert in großen Teilen der Iringa-Region den Anbau von Ackerfrüchten, wo eigentlich auf Grund der Niederschlagsmengen die Landwirtschaft Entwicklungsmöglichkeiten haben müßte.

Regenfall, Temperatur und Bodenzusammensetzung sind in der Iringa-Region natürliche Faktoren, die den Charakter einzelner Landstriche bestimmen, und damit auch die unterschiedliche landwirtschaftliche Nutzung. Anhand dieser Kriterien läßt sich die gesamte Region in fünf Zonen einteilen.

Mit einer durchschnittlichen Regenmenge von 1270 Millimetern pro Jahr gehört der östliche Teil der Iringa-Region zu einer Zone der hochgelegenen Regengebiete. Dieser Ostteil, der in das Ukinga-Hochland überläuft, war ursprünglich von dichten Wäldern bedeckt. Die Böden sind stark lehmig und nur mäßig bis äußerst gering fruchtbar. Eine Ausnahme bilden nur jene Flächen, in denen sich vulkanische Asche mit Lehm vermischt hatte. Vorwiegend wird hier Tee, Pyrethrum, Weizen und Mais angebaut. Auf den hochgelegenen Plateaus von Mufindi und in weiten Teilen Njombes fallen durchschnittlich 760 bis 1270 Millimeter Regen pro Jahr. Doch die geringe Fruchtbarkeit der Böden schränkt auch auf diesen Flächen die Landwirtschaft ein. Von den Bauern wird hier vorwiegend Pyrethrum, Weizen und Mais angepflanzt. Deutlich gemäßigter zeigt sich das Klima im Westen der Iringa-Region, zwischen den Hochländern und den Usangu-Plains. Doch in dem welligen und weiten Hügelland verringert sich in Richtung Westen der Niederschlag drastisch, so daß die Landwirtschaft mit dem Regen als Produktionsfaktor nicht mehr sicher planen kann.

Die Humusschicht ist dünn, die Böden bestehen aus sandigem und steinigem Lehm und sind mäßig fruchtbar. In diesem Gebiet, das 20 Prozent der Landfläche beträgt, lebt allerdings knapp ein Drittel der Bevölkerung dieser Region. Mais, Sonnenblumen und vor allem Tabak sind die Hauptanbauarten der Landwirtschaft, wobei in der Regel die Haushalte zusätzlich eigenes Vieh

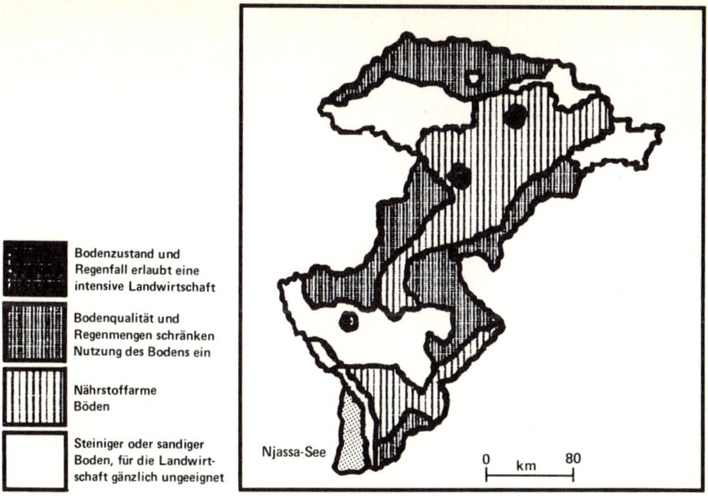

Abbildung 8: Bodenarten und Landnutzung in der Iringa-Region.

halten. Sandige und wenig fruchtbare Böden kennzeichnen den trockenen Nordwesten, der zusammen mit dem 12950 Quadratkilometer großen Ruaha-Nationalpark die größte Fläche der Region bedeckt, aber nur 4 Prozent der Bevölkerung ernährt. Entsprechend dem jährlichen Niederschlag ist auch der landwirtschaftliche Ertrag äußerst gering. Kühe und Ziegen sind die Haupteinnahmequelle der Bauern, die ihren Ertrag mit Mais, Ölfrüchten und Reis ergänzen. Am Njassa-See leben zahlreiche Fischerdörfer vom Fang auf dem See. Landwirtschaft, vor allem für die Selbstversorgung bestimmt, ist auf den Uferbereich begrenzt. Zunehmend gewann in den letzten Jahren der Anbau von tropischen Produkten wie Ölpalmen und Zuckerrohr an Bedeutung.

Anpassung macht reich

Die Grassavannen: Lebensraum riesiger Herden

Wenn die Straßen frei und die Pisten trocken sind, fährt man heute in zwei bis drei Tagen von Dar es Salaam im Osten Tansanias zur Westgrenze des Landes. Die einzige Strapaze bei dieser Fahrt – Klimaanlagen in den Geländewagen halten die Tageshitze ab – sind die tiefen Schlaglöcher und Rinnen, die jährlich der heftige Tropenregen neu in die Straßen schleift. Sie zwingen selbst geübte Fahrer immer wieder zum scharfen Abbremsen oder ruckartigen Ausweichmanövern. Doch die Abenteurer, Forscher und Missionare, die gegen Ende des 19. Jahrhunderts von den Küstenstädten in das Landesinnere aufbrachen, hatten es noch viel schwerer. Nicht nur, weil sie wegen der Tsetsefliege, dem Überträger der Schlafkrankheit, gezwungen waren, auf das gewohnte Transportmittel Pferd zu verzichten, und zu Fuß gehen und für ihr Gepäck Träger anmieten mußten, sondern auch, weil das Land den Pionieren zunächst eine Barriere von Dornbüschen entgegenstellte, ein zum Teil giftiges Dickicht, das Tausende von Quadratkilometern bedeckt hatte. Zehn bis fünfzehn Tagesmärsche dauerte es, bis sie dieses beschwerliche Hindernis, die Njika, durchquert hatten und die Savannen betreten konnten.

Die typischen Savannen (die Bezeichnung kommt vom spanischen Sabana, was Grasland oder Buschwerk bedeutet) gehören zu einem klimatisch bedingten Vegetationsgürtel, der sich durch ganz Afrika zieht. Es ist eine Graslandschaft mit einzelnen Bäumen oder Büschen, die als Hintergrund zu einer scheinbar geschlossenen Waldvegetation verschmelzen. Mit über einer Million Quadratkilometern ist dieser Lebensraum, der die Wüsten und Trockengebiete mit den feuchten Regenwäldern verbindet, die am weitesten verbreitete und typischste Landschaft Afrikas. Der nördliche Teil des Gürtels ist 400 bis 500 Kilometer breit und erstreckt sich von der Atlantikküste auf einer Länge von etwa 5000 Kilometern bis zum Becken des Weißen Nils. Von dort aus läuft er 200 Kilometer breit auf einer Länge von 2000 Kilometern nach Süden bis in das Sambesi-Tal, und verbindet dort die Küste des Indischen Ozeans mit der Atlantikküste.

Verantwortlich für diesen Savannengürtel ist die unterschiedliche Regenmenge, die in diesen Breitengraden jährlich auf den Kontinent fällt. Sie hat im Laufe der Entwicklung nicht nur unterschiedliche Savannentypen hervorgebracht, sondern auch bewirkt, daß zwei ökologische Antagonisten zu einer homogenen Pflanzengemeinschaft zusammengewachsen sind: Holzgewächse wie Bäume, Sträucher oder Büsche vertragen sich in der Regel nicht mit Gräsern und Kräutern. Beide sind Konkurrenten, die sich in anderen Naturräumen gegenseitig ausschließen. Diesen Gegensatz hat die jährliche Niederschlagsmenge in Afrika aufgehoben. An den Rändern der Wüsten, wo im Jahr durchschnittlich 100 Millimeter Regen fallen und die Feuchtigkeit nicht sehr tief in den Boden eindringt, wurzeln als Pioniere bereits die kleinen Horstgräser. Ihr verzweigtes Wurzelsystem saugt während der Regenzeit das ganze Wasser auf, bis der Boden wieder austrocknet. Unter der brennenden Sonne sterben dann, bis auf einen Kern, die oberirdischen Teile der Pflanzen ab.

Fallen 200 Millimeter Niederschlag, so dringt das Wasser tiefer in den Boden. Größere Grasarten stellen sich ein, die aber, da sofort alle Wasservorräte verdunsten, dem Boden alle Feuchte entziehen. Doch erst, wenn die Regenmenge weiter ansteigt und

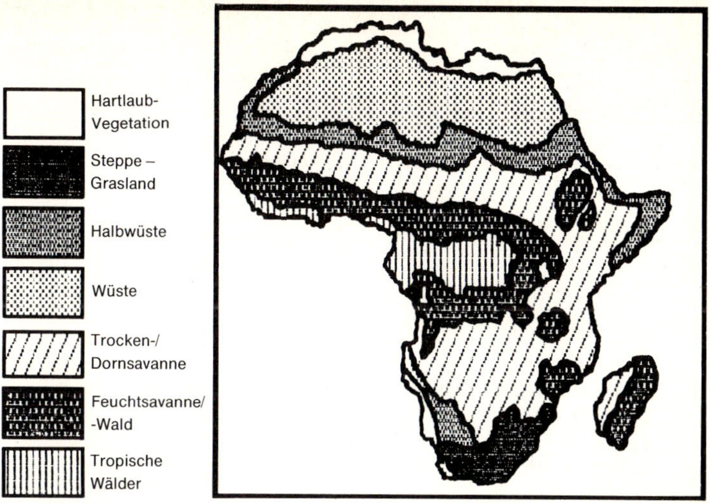

Abbildung 9: Vegetationsgürtel in Afrika.

die Gräser nicht mehr alles Wasser im Boden selbst verbrauchen, haben Holzgewächse wie kleinere Straucher eine Chance. Diese Grenze ist etwa bei 300 Millimeter Niederschlag erreicht. Je feuchter dann das Klima wird, um so mehr Regenwasser lassen die Gräser für größere Holzpflanzen übrig, so daß beide, Büsche und Gräser, nebeneinander eine Chance haben. Ist so aus dem niedrigen Grasland langsam eine Strauchsavanne geworden, so stellen sich bei einem Regenfall zwischen 400 und 500 Millimeter die ersten Bäume ein. Doch ihr Schicksal hängt nach wie vor von den Gräsern ab, genauer von der Wassermenge, die diese während der Trockenzeit übrig lassen. Ist sie zu gering, so gehen wieder Holzpflanzen ein, während in guten Regenjahren sich der Strauchwuchs üppig entwickelt. Doch erst dann, wenn die Niederschläge regelmäßig so hoch sind, daß sich Büsche und Bäume zu einem Trockenwald zusammenschließen, verliert das Gras seine Macht: Im Schatten der Holzgewächse hat es kaum mehr eine Chance und ist daher nur noch an lichten Stellen zu finden. Dieser Teil der Savanne, in Tansania Miombo genannt, geht dann langsam in den Wald über.

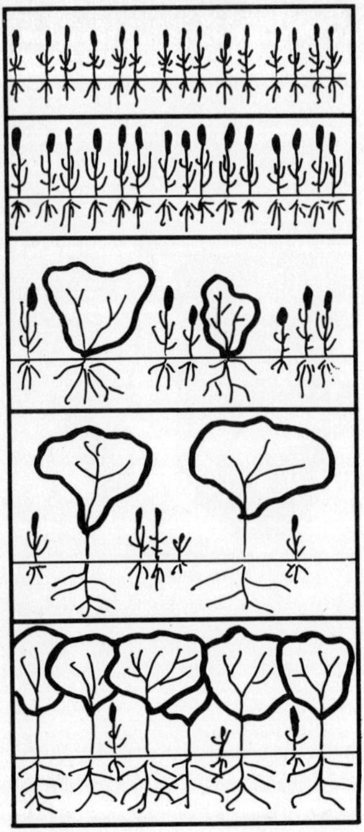

Abbildung 10: Vegetationsformen in Tansania. Der jährliche Niederschlag bestimmt die Übergangsstufen von der Grassavanne zur Baumsavanne (Miombo): Wo bis zu 300 Millimeter fallen, dehnen sich die Grasflächen aus. Regenmengen bis 400 Millimeter ermöglichen den ersten Büschen und ab 500 Millimeter den ersten Bäumen das Wachstum.

Während der Trockenzeit hat die Sonne, soweit das Auge reicht, die Savanne ausgebrannt und verdorrt. An den wenigen Flüssen und Wasserstellen drängelt sich das Wild, das während dieser Jahreszeit in den weiten Savannen keine Überlebenschance hätte und jämmerlich verdursten müßte.

Ein Funke oder Blitzschlag genügt, um weite Flächen in Brand zu stecken. Doch ab Oktober, innerhalb weniger Tage, spülen die ersten Regenfälle die Trostlosigkeit fort, die für vier bis sechs

Monate das Land gelähmt hat: Zunächst überzieht ein helles Grün den braunen Boden, dann entfalten die ersten Bäume und Sträucher ihre Blätter und nach wenigen Tagen leuchtet die Savanne in einer schillernden Farbenpracht, als hätte es nie eine Trockenzeit gegeben. Auf die ersten Platzregen, die ihre Botschaft auf den ausgedörrten Boden trommelten, antwortete die Natur mit einer Fülle von Leben.

Dabei haben Bäume und Gräser auf ganz unterschiedliche Art und Weise die Trockenzeit überstanden. Diesen Eigenarten, die auf Unterschiede im Wurzelsystem der einzelnen Pflanzen und auf deren gegensätzlichen Wasserhaushalt zurückzuführen sind, haben Bäume und Gräser auch zu verdanken, daß sie – im Gegensatz zu gemäßigten Zonen – in der Savanne nebeneinander bestehen können. Gräser können im allgemeinen ihren Wasserhaushalt nicht regulieren. Die Pflanzen verdunsten auch dann lebenswichtige Feuchtigkeit, wenn Wassermangel im Boden herrscht und die Blattspitzen bereits absterben. So können innerhalb kurzer Zeit saftig grüne Flächen austrocknen, gelb werden und richtiggehend verbrennen. Doch während die Zellen der Gräser schrumpfen und ihre Wurzelrinde stirbt, bewahrt letztlich die tote Schicht den Kern vor einem völligen Austrocknen. Damit aber Gräser das Wasser stark verdunsten können, müssen sie dementsprechend intensiv Feuchtigkeit aufnehmen können. Dafür haben diese Pflanzen ein dichtes Wurzelsystem entwickelt. Da sie zudem in dichten Beständen nebeneinander wachsen, überzieht ein dichter Filz wie eine schützende Haut die Bodenoberfläche der Savannen.

Im Gegensatz zu den Gräsern können Bäume und Sträucher ihre Verdunstung äußerst fein regulieren. Selbst wenn fast kein Wassermangel herrscht, schließen sie die Spalten ihrer Blätter, um eine weitere Transpiration und damit Wasserverlust zu verhindern. Bei großer Trockenheit werfen sie ihr Laub teilweise oder ganz ab, um so längere Dürrezeiten unbeschadet überstehen zu können. Sträucher sind auf eine beständige Wasseraufnahme aus dem Boden angewiesen, da ihre Vorräte kaum für eine Woche ausreichen. Dafür haben sie ein Wurzelsystem entwickelt, das sich einerseits flach ausbreitet, sich aber auch andererseits tief in die Erde hineinbohren kann. Diese Eigenschaft ermöglicht es letztendlich den Büschen, neben den Gräsern, zumindest in jenen Gebieten zu bestehen, in denen während der Dürrezeit mehr Wasser im Boden verbleibt, als die Gräser verbrauchen.

Auf zwei verschiedene Arten haben es Bäume verstanden, die jährliche Trockenperiode zu überleben. Einzelne Arten, zum Beispiel die Akazie, treiben Wurzeln, die bis zum Grundwasser hinabreichen. Andere, wie der Baobab oder Affenbrotbaum, sind in der Lage, das kostbare Naß zu speichern. Seine eigenartige Form, ein ungewöhnlich dicker, mit einer bauchigen Flasche vergleichbarer Stamm mit einer bizarr verkrüppelten Krone, hat ihn zum Markenzeichen trockener Gebiete gemacht. Die Afrikaner erklären sich seine merkwürdige Gestalt mit folgender Geschichte: Als Gott die Welt erschaffen hatte, war der Baobab ein Baum wie jeder andere. Nur eines unterschied ihn von seinen Artverwandten: mit nichts war er zufrieden. Daher drängte er seinen Schöpfer laufend um kosmetische Veränderungen: Er wollte der längste, größte und schönste sein. Doch dieser, erbost über die Eitelkeit, riß in göttlichem Zorn den Baobab aus der Erde und steckte ihn umgekehrt wieder hinein. Daher ragen nicht seine Äste, sondern wie es scheint, seine Wurzeln in den Himmel. Heute gehören die Baobabs zu den ältesten lebenden Pflanzen. Ihr Stamm wird rund 20 Meter hoch und hat einen Umfang von ebenfalls 20 Metern. Das Holz ist so weich, daß eine Gewehrkugel ohne weiteres den Stamm durchdringt und Elefanten keine Mühe haben, solche Baumriesen mit ihren Stoßzähnen zu fällen. Denn unter der glatten, grauen Rinde ist nur ein lockeres Holzgewebe, das wie ein Schwamm bis zu 120 Liter Wasser aufsaugen und speichern kann.

Die homogene Vegetationsgemeinschaft der Gräser und Holzgewächse hat sich in der Savanne über Jahrmillionen als äußerst stabiles Bündnis erwiesen. Die unterschiedliche Anpassungsfähigkeit der Pflanzen, die langen Trockenperioden zu überstehen, ohne sich gegenseitig Konkurrenz zu machen, hat den Wettstreit zwischen Baum und Gras in den Savannen zu einer Partnerschaft gemacht. Zwei weitere Faktoren verhindern aber regelmäßig, daß eine Pflanze sich letztendlich doch gegenüber der anderen durchsetzen würde: das Feuer und die Wildtiere.

Durch Blitzeinschlag oder auch von Menschenhand gelegt, brennen jährlich weite Teile der Savanne ab. Während Gras und Büsche den Flammen zum Opfer fallen, bleiben die Bäume meist verschont, die Hitze und die Höhe reichen in der Regel nicht aus, die Kronen der Bäume zu vernichten. Deutlich sind immer wieder die Spuren solcher Buschfeuer an den Bäumen zu sehen, wenn die Rinde und die untersten Äste verkohlt sind, die Kronen aber in einer aschgrauen Einöde grün leuchten. Das Feuer hält den Busch zurück und in der Asche des verbrannten Grases sind genügend Mineralstoffe enthalten, die neuem Pflanzenwachstum eine ausreichende Nahrungsgrundlage bieten.

Als ein dritter regulierender Faktor der Savannenvegetation wirkt die Tierwelt. In großen Herden ziehen Elefanten und Wasserbüffel über das Land. Rudel von Impalas suchen neue Weideflächen und galoppierende Zebras hinterlassen steil aufsteigende Staubfahnen. In einer Höhe zwischen zwei und sechs Metern fressen die Giraffen die Blätter von den Bäumen und Löwe und Leopard lauern auf Beute. Weltweit sind die dichten Wildtierherden des afrikanischen Kontinents zum Symbol für dessen Fruchtbarkeit geworden. Heute trifft das meist nur noch für die Nationalparks zu, die zum Teil zu regelrechten »Tierslums« angewachsen sind. Denn in den Savannen hat der Mensch aufgeräumt, durch seine Jagdlust und Trophäensucht zahlreiche Arten weitgehend ausgerottet. Dabei ist nicht ihre Artenvielfalt das faszinierendste an der afrikanischen Savannenfauna. Die Tierwelt zeichnet sich im Vergleich zu anderen Lebensräumen eher durch eine Artenarmut aus. Beeindruckend ist eher die Fülle von Einzelwesen, die in Rudeln und Herden über die Grasflächen ziehen. Dieses Phänomen, das die Savanne von zahlreichen anderen Naturlandschaften unterscheidet, ist das Ergebnis einer Entwicklung, die zu einer fein abgestimmten Gemeinschaft von Pflanzen und Tieren geführt hat und den geologischen und klimatischen Bedingungen angepaßt ist. Zu bestimmten Jahreszeiten zählten Forscher auf der 13000 Quadratkilometer großen Serengeti bis zu einer Million Huftiere. Auf einem 15000 Quadratkilometer großen Dornbuschsavannengebiet in Ostafrika schätzten Experten die Huftier-Biomasse auf etwa 5000 Kilogramm pro Quadratkilometer, die Kleinsäuger-Biomasse auf 400 bis 500 Kilogramm und die Raubtier-Biomasse auf rund 58 Kilogramm. Hochgerechnet auf die afrikanischen Savannen mit einer Gesamtfläche von zwei Millionen Quadratkilometern bedeutet das rund 20 Milliarden Tonnen Tiere. Sie ernähren sich von einer weit größeren Pflanzenmasse, ohne aber ihre eigenen Lebensgrundlagen zu zerstören.

In den weiten Grassteppen Ostafrikas fallen aber nicht nur die großen Herden vorbeiziehender Tiere auf, sondern auch ihre unterschiedlichen Körperformen und ihre verschiedene Größe. Im Schatten von Uferbäumen grasen tonnenschwere Flußpferde, an hohen Bäumen nagen Giraffen. Riesige Herden von Zebras und Gnus durchstreifen die Savannen, in großen Sätzen suchen Impalas zwischen Büschen und Bäumen Deckung. Neben den hasengroßen Dikdiks springen Antilopen aus dem Dickicht, wobei am auffälligsten die 700 Kilogramm schwere Elenantilope ist. Alle diese Tiere leben miteinander und nebeneinander in der Savanne, ohne daß sie Konkurrenten werden. Sie alle haben eine Art Weidekalender entwickelt, nach dem sie den Grasreichtum der Savanne ernten. In der Auswahl der Futterpflanzen, in der Art der Nahrungsaufnahme und in der Frage des Standorts wird das Angebot so genutzt, daß zum einen die Nahrungsbasis nicht zerstört wird, zum anderen keine Art der anderen die Existenzgrundlage wegfrißt. Die Savannen sind damit zu einer ausgewogenen und bis ins Feinste abgestimmten Lebensgemeinschaft zwischen Pflanzen und Tieren geworden, die sich in Jahrmillionen den biologischen und klimatischen Bedingungen angepaßt hat.

Das vorhandene Gras- und Blattangebot teilen sich zum Beispiel die einzelnen Tierarten. Zebras bevorzugen hohe Gräser. Ihrem Weidegang folgen die Gnus, die die nachwachsenden jungen Triebe bevorzugen. Gazellen nutzen die von den Gnus und Zebras stehengelassenen niedrigen Pflanzen, während Leierantilopen eine besondere Vorliebe für die höchsten und härtesten Gräser haben, die von allen anderen verschmäht werden. So werden die Grasfluren gleichmäßig abgeweidet und keine Grasart kann überhandnehmen oder wird ausgelöscht. Das Wildtier reguliert die Vegetation in den Savannen. Doch nicht nur bestimmte Vorlieben für Grasarten erhalten das Gleichgewicht im Angebot, sondern auch die Methode der Weide: Zebra, Gnu und Gazelle schneiden mit ihren Zähnen das Gras auf unterschiedliche Höhe ab. Dies ermöglicht eine vollständige Ausnutzung der vorhandenen Pflanzen, ohne durch Überweidung die Ressourcen zu zerstören.

Ein weiterer Faktor, der die Vegetation der Savannen erhält, ist die Mobilität ihrer Bewohner. Ein typisches Beispiel sind die afrikanischen Elefanten. Die Tiere wandern großräumig und ernähren sich von Laub und Zweigen. Nach dem Durchzug einer Herde ist der jeweilige Busch- und Baumbestand stark mitgenommen. Solange die Dickhäuter nur alle paar Jahre das gleiche Gebiet heimsuchen, hat die Vegetation genügend Zeit, sich zu erholen. Wie die Elefanten, so sind alle Pflanzen- und Blattfresser der Savannen äußerst beweglich und durchstreifen regelmäßig große Gebiete. Eine Standorttreue würde ihnen nicht nur bei einer größeren Trockenheit zum Verhängnis werden, sondern würde auch in kurzer Zeit die Nahrungsbasis erschöpfen. Auf der Suche nach neuen Weidegründen legen die Tiere weite Strekken zurück. Auffallend dabei ist die Beweglichkeit selbst von tonnenschweren Elefanten und Nashörnern. Obwohl die Savannenbewohner sich in der Größe und im Gewicht drastisch unterscheiden, besitzen sie ein gemeinsames Merkmal: die schlanken, in Klauen oder Hufen endenden Gliedmaßen. Sie ermöglichen eine rasche Fortbewegung auf hartem Boden. Wegen dieser Gemeinsamkeit hat die Zoologie diese Tiere zu den Huftieren zusammengefaßt.

Die Tiere haben auch eine besondere Art und Weise der Ernährung entwickelt. Da Gräser und Blätter einen geringen Nährwert besitzen, müssen diese in großen Mengen aufgenommen werden, um die notwendige Kalorienzufuhr sicherzustellen. Der Verdauungsapparat der Grasfresser hat sich deswegen im Laufe der Evolution außerordentlich vergrößert und spezialisiert. Da Zellulose, der Hauptbestandteil fast aller Pflanzen, von keinem Wirbeltier leicht und vollständig verdaut werden kann, muß der Grasbrei zunächst durch mehrere Mägen wandern, um dort von speziellen »Zellulose-Bakterien« abgebaut und als Nährstoff für den Körper gewonnen zu werden.

Grasfresser sind aber auch gezwungen, den Magen mit Nahrung sehr schnell zu füllen, um anschließend in Ruhe zu verdauen, denn Löwen, verborgen im hohen Gras, oder Leoparden, auf Bäumen lauernd, stellen eine permanente Gefahr dar, die für fressende Steppentiere nur schwer zu erkennen ist. Wenn diese ihre Schnauze in das hohe Gras stecken, die Augen auf den Boden gerichtet, die Hörfähigkeit durch Kaugeräusche eingeschränkt ist, wittern sie nur sehr schwer den verborgenen Jäger. Daher fressen sie außerordentlich schnell, um den Magen zu füllen und ziehen sich anschließend in übersichtliche Gebiete zurück, wo sie mit wachen Sinnen die Umgebung im Blickfeld haben und in Ruhe das Wiederkäuen beginnen.

Jahrmillionen dauerte die gewachsene und stabile Lebensgemeinschaft der Savanne; innerhalb weniger Jahrzehnte bedroht nun die Haltung von Rindern, Schafen und Ziegen das Gleichgewicht des Naturraums. In einigen Teilen Afrikas wurde er bereits zerstört. Hausrinder bevorzugen nur wenige Arten von Graspflanzen und verschmähen die anderen ganz. So verschwinden nährreiche Gräser, harte aber bleiben stehen. Dort, wo große Herden weiden, verödeten binnen weniger Jahre die vielfältigen Grasfluren der Savannen. Dem ökologischen Gleichgewicht wird dadurch die Grundlage seiner Stabilität entzogen, bis das System umkippt und die Wüste sich immer weiter in das Innere des afrikanischen Kontinents zu schieben beginnt.

Zwischen der Savanne und dem dichten, geschlossenen tropischen Regenwald bildet der Miombo-Buschwald mit seinen in der Regenzeit grünen Bäumen eine Übergangszone der Vegetation. Höhere Niederschläge als in der Savanne und kürzere Dürrezeiten bewirken den verstärkten Wuchs der Pflanzen. Bereits vor Beginn der Regenzeit kündigt der Miombo auf seine Art und Weise den kommenden Frühling an: Bäume und Sträucher bringen ein kupfer und hellrot leuchtendes Laub hervor, das sich langsam bronzefarben, dann olivgrün und zum Ende glänzend hellgrün verfärbt. Doch genauso schnell, wie das Laub hervorsprießt und die Landschaft in ein buntes Farbenkleid taucht, verfärben sich am Ende der Regenzeit über Nacht die Blätter in ein mattes Gelb und Rot und fallen zu Boden.

Wegen der Regenmenge und der Bodenqualität sind die Miombo-Buschwälder auch Gebiete, in denen Landwirtschaft mit dem Wanderfeldbau möglich ist. Einen Meter über dem Boden schlagen die Bauern die Bäume ab, verbrennen das Holz und streuen die Asche als Dünger über die Beete. Mais und Cassave sind die ersten Ernten, doch nach drei bis fünf Jahren, wenn die Kraft des Bodens nachläßt, müssen die Felder aufgegeben und neue Waldstücke gerodet werden. Graswuchs überzieht zunächst die Brachflächen, nach vier bis sechs Jahren schützt ein Dickicht die Erde, das erst zehn bis zwanzig Jahre nach der Rodung wieder von den ersten Bäumen überragt wird. Achtzig bis einhundert Jahre dauert es dann, bis die Miombo-Wälder sich wieder in ihrer ursprünglichen Form behaupten.

Am Rande der Regenwälder wächst in Tansania vereinzelt noch ein mattgrüner Gürtelzaun aus Riesengras, dem Bambus. Sechs bis zehn Meter hoch wird dieses Dickicht, das fast alle andere Vegetation verdrängt. Es dauert Jahre, bis der Bambus zu dieser Größe herangewachsen ist und Samen trägt. Hat er ihn ausgestreut, dann stirbt er ab. Übrig bleibt ein Wald aus vermodernden Riesenhalmen. Krachend stoßen die Rohre aneinander, ächzend wiegen sich die Pflanzenskelette im Wind. Für die Bauern ist diese Rohrwildnis eine Vorratskammer für Baumaterial: Mit den Rohren decken sie ihre Häuser und bauen um ihre Gärten Zäune.

Die Regenwälder: Schattenreich der Spezialisten

Als die ersten Europäer in das Innere des afrikanischen Kontinents vordrangen, glaubten sie, in einer der fruchtbarsten Landschaften der Erde zu sein. Diesen Glauben nährte vor allem das wuchernde, undurchdringliche Grün der tropischen Regenwälder. Als sie den Vorhang aus Flechten und Moosen beiseite geschoben hatten und in das halbdunkle Meer aus Blättern eintraten, schien die Natur das Füllhorn des Lebens geradezu über sie auszuschütten. Zwischen 30 und 40 Meter lange Baumstämme schoben ihre Kronen der Sonne entgegen, aus dem Dach des Waldes fielen Lianen und Luftwurzeln zu Boden. Üppig wuchernde Farne und Heerscharen von schillernden Insekten und buntgefiederten Vögeln bevölkerten das Dickicht. Bis in die dreißiger Jahre hielt sich das Urteil über die tropischen Regenwälder als eines der produktivsten und ertragreichsten Ökosysteme der Erde, bis dann Forscher langsam der wahren Natur des Lebensraumes auf die Spur kamen: Eklatanter Mangel bestimmt die Gesetze der »grünen Hölle« und hat den ungewöhnlichen Reichtum von Pflanzen- und Tierwelt hervorgebracht.

Dieser Naturraum der tropischen Regenwälder ist uralt und hat für die Evolution wohl die größte Bedeutung. Bisher haben sich trotz Klimawechsel und Änderung der Ausdehnung und Verbreitungsgebiete durch den Wandel der Erdoberfläche seit nahezu 100 Millionen Jahren bis heute eine Überfülle von Pflanzen und Tieren erhalten können, was dem tropischen Regenwald mit Recht den Namen Ur-Wald gibt.

Doch die tropischen Regenwälder in Tansania lassen sich nicht mit den großen, zusammenhängenden Waldflächen in Zentralafrika oder im südamerikanischen Amazonasgebiet vergleichen. In Ostafrika gibt es Regenwälder entweder nur als Niederungswald oder als Form von Nebelwäldern an den Hängen der höchsten Berge. Sie sind weit auseinanderliegende und durch die Steppen voneinander getrennte Vegetationsinseln. Als Folge dieser Isolierung beherbergen sie eine einmalige Flora und Fauna, die sich von den Lebensräumen auf benachbarten Bergkuppen und Gipfeln häufig unterscheidet. Man fand zahlreiche endemische Pflanzen- und Tierarten, die es nur hier und nirgendwo sonst auf der Welt gibt.

Dämmerlicht, Modergeruch und eine dumpffeuchte Treibhausluft hüllt den Besucher in diesen Urwäldern ein. Vergebens sucht er nach der Sonne, die direkt über ihm strahlen muß. Das dichtgrüne Laubwerk der Baumkronen schirmt nicht nur jeden Lichtstrahl von außerhalb ab, kaum ein Prozent erreicht den Boden, sondern läßt auch umgekehrt keine Feuchtigkeit aus dem Treibhaus entweichen: Unter den Wipfeln staut sich die Feuchtigkeit: Zwischen 75 und 100 Prozent beträgt die Sättigung der Luft. Von den Baumkronen abwärts zum Boden wird das Klima im Regenwald daher immer lichtärmer, die Temperatur und Luftfeuchtigkeit immer gleichförmiger.

Im Kontrast zu der freien Landschaft der Savannen, wo die häufig einzeln und weit auseinanderstehenden Bäume und die monotonen Grasfluren zwar den Eindruck einer armen Vegetation erwecken, dafür aber die Tierwelt um so reicher zu sein scheint, drohen die tropischen Regenwälder mit Pflanzen überzuquellen, aber ansonsten recht tierarm zu sein. Große Tiere sind kaum zu sehen. Zwar durchstreifen Scharen von Papageien,

Schweine oder einige Affenherden weite Gebiete, doch sie sind nur mit einiger Mühe aufzuspüren. Denn sie repräsentieren nur einen kleinen Teil der Urwaldfauna. In Wirklichkeit übertrifft in dem grünen Blattdickicht die Artenzahl der Tiere die der Pflanzen um ein Vielfaches. Käfer, Schmetterlinge, Termiten, Ameisen, Wespen und Bienen, in dem Dämmerlicht unter den Bäumen nicht leicht erkennbar, sind dabei noch die auffälligsten Vertreter eines ungeheuren Heeres aus kleinen Kerbtieren und Wirbellosen, die bislang auch nur zu einem geringen Teil von der Wissenschaft erfaßt und eingeordnet worden sind.

Ihr Lebensraum sind die einzelnen Etagen der Kronenschichten, in die sich das Rankenwerk tropischer Regenwälder einteilen läßt. In den jeweiligen Stockwerken vom Boden bis zu den Baumkronen herrschen unterschiedliche Ernährungs- und Klimabedingungen. Erdwürmer, Ameisen, Termiten, Schnecken und Milben sowie zahlreiche Käferarten durchwühlen das Fundament mit der Boden- und der darüberliegenden Streuschicht. Sie sorgen für den schnellen Abbau abgestorbener Pflanzenteile und anderer Abfälle, um den Kreislauf der Nährstoffe im Urwald aufrechtzuerhalten und stellen wohl den weitaus größten Teil der tierischen Biomasse im Regenwald dar. Zusammengeschlossen in einer gewaltigen Abfallverwertungs- und Nährstoffabrik leisten diese Bodenvölker eine Großtat: Ohne ihre Wühlarbeit in abgestorbenen Blättern und Bäumen würde es keinen Regenwald geben. Denn die Erde, auf der diese Urwälder wachsen, ist von Natur aus außergewöhnlich nährstoffarm. Es hat lange gedauert, bis sich diese Erkenntnis angesichts der ungeheuren Lebensentfaltung durchgesetzt hatte und die Vorstellung von der großen Fruchtbarkeit der jeweiligen Gebiete widerlegt wurde, ein äußerst fruchtbarer Boden sei die Ursache für die Pflanzenfülle. Zwar fördern die hohen Temperaturen und starken Niederschläge die Verwitterung des Gesteins und damit die Freisetzung von mineralischen Nährstoffen, doch gleichzeitig schwemmen die sintflutartigen Regenfälle in den Tropen die Nährstoffe, vor allem aus bergigen Gebieten, wieder rasch ab. Die Humusschicht ist daher äußerst dünn und das Pflanzenwachstum, Leben, vor allem in der intensiven Form des Regenwaldes, hat nur dann eine Chance, wenn die in der lebenden und organischen Substanz enthaltenen Nährstoffe äußerst rasch als Nahrungsbausteine wieder umgewandelt und dem geschlossenen Kreislauf des Ökosystems Tropenwald neu zur Verfügung gestellt werden.

Das abwechslungsreichste Leben spielt sich jedoch in den oberen Etagen ab. Am äußeren Rand der Baumkronen, von der Sonne umflutet, zeigt der Pflanzenwuchs seine ganze Pracht und Vielfalt. Hier finden Insekten Blüten, und Lurche, Kriechtiere und Affen, die durch den dichten Kronenschluß mühelos von Wipfel zu Wipfel wandern können, ohne den Boden aufsuchen zu müssen, einen reichgedeckten Tisch. Dagegen ziehen sich schatten- und feuchtigkeitsbedürftige Pflanzen und Tiere, die empfindlich auf Temperatur-, Feuchtigkeitsänderungen sowie auf die Luftbewegung reagieren, etwas weiter in das schützende Kronendach zurück.

Jahrmillionen hat es daher gedauert, bis sich das Ökosystem Regenwald Schritt für Schritt zu seiner gegenwärtigen Größe und Vielfalt aufbauen konnte. Seine Stabilität verdankt der Lebensraum der Vielfalt gerade in der Vegetation und in der Fauna – im Gegensatz zur Savanne, wo eine große, aufeinander abgestimmte Masse und nur wenige Arten die Natur im Gleichgewicht halten. Pflanzen und Tiere drängen sich im Regenwald auf engem Raum, ohne daß sich eine Art auf Kosten der anderen auszubreiten vermochte: Tropische Regenwälder haben sich so zu einem System entwickelt, das sich gerade durch seinen Formen- und Artenreichtum selbst reguliert und äußerst fein steuert, und dessen einzelne Funktionsmechanismen wir auch heute noch mehr ahnen als darstellen können.

Inzwischen ist jedoch erwiesen, daß dieser Naturraum in der Lage ist, den Verlust von Nährstoffen durch Grund- und Oberflächenwasser einerseits so gering wie möglich zu halten. Andererseits werden die Einbußen weitgehend mit dem Regen ausgeglichen, der Nährstoffe aus der Atmosphäre wäscht. Dies reicht für den Erhalt des Systems aus. Zwei charakteristische Eigenschaften helfen den Regenwäldern dabei, das Risiko von Nährstoffverlusten zu vermindern: Zum einen ist der Kreislauf kurz – der Nährstoff wird rasch dem Ökosystem wieder zugeführt –, zum anderen bleibt er um so geschlossener, je differenzierter der Pflanzenbestand auf einer Fläche zusammengesetzt ist. Die Artenvielfalt in den Regenwäldern ist daher nichts anderes als das Ergebnis der optimalen Ausnutzung der freiwerdenden oder neuhinzukommenden Nährstoffe. Damit ist die Fülle der Vegetation eine hochgradige Anpassung an die tropische Landschaft, in der, außer der Nährstoffarmut, ansonsten für pflanzliches Leben überaus günstige Bedingungen herrschen.

Diese außerordentlich hohe Stabilität des Naturraumes bleibt aber nur dann erhalten, solange die äußeren Rahmenbedingungen sich nicht verändern. Seit Jahrmillionen gelang es nicht einmal Großtierarten, dieses System zu erschüttern und zu gefährden. Die natürliche Selektion sorgte dafür, daß nur jene Arten im Regenwald am Leben blieben, die sich seinen Bedingungen angepaßt haben, ohne die gewachsenen Lebensgemeinschaften zu zerstören. Da für Großtiere das Nahrungsangebot aber nicht in ausreichenden Mengen wie für die Säuger der Savannen vorhanden ist, sondern nur in kleineren Portionen, dafür aber äußerst abwechslungsreich, wurde der Regenwald zu einem Lebensraum für Spezialisten. Sie müssen sich ihre Nahrung zusammensuchen und waren daher nie in der Lage, sich massenhaft zu vermehren. Erst dem Menschen war es vorbehalten, Löcher in dieses Netz von Kreisläufen zu reißen. Er baute Straßen, schlug wertvolle Einzelbäume, rodete den Wald, um Felder und Weiden zu schaffen. Doch der Vorteil, so lehrt die Erfahrung, ist nur kurzfristig. Der Gewinn steht in keinem Verhältnis zu den Folgen der Zerstörung. Denn der Boden, auf dem der Regenwald wächst, ist ohne ihn nichts mehr wert.

In Tansania hat nicht so sehr der Einschlag von wertvollen Edelhölzern den Schirm des tropischen Regenwaldes durchlöchert, sondern der Wanderfeldbau und die Erschließung neuer Weideflächen haben unheilbare Wunden in seinen Körper gerissen. Obwohl in Tansania der gesamte Regenwald unter Schutz steht, brennen die Bauern, auf der Suche nach neuem Boden, jährlich tiefe Schneisen in den Wald. Nach ein oder zwei Ernten sind die nährstoffarmen Böden ausgelaugt und auf den gerodeten Kahlflächen wäscht der Tropenregen innerhalb kurzer Zeit allen Humus fort. Für ein paar Tonnen Mais und Gemüse wurde ein jahrmillionenaltes Ökosystem innerhalb weniger Jahrzehnte geopfert – ohne daß für die einheimische Bevölkerung eine langfristige Alternative zur Existenzsicherung geschaffen wird. Denn wenn der letzte Hektar Regenwald gerodet ist – der Zeitpunkt ist abzusehen – gibt es auch keine Flächen mehr für neue Felder.

Der Mensch braucht Raum

Mit den Feldern wandern die Bauern

Nach den Statistiken der Fachleute hat sich zwischen 1860 und 1980 weltweit der Flächenanteil verdoppelt, der von der Landwirtschaft zur Produktion von Nahrungsmitteln bestellt wird. Dafür fielen seit der Mitte des 19. Jahrhunderts 415 Millionen Hektar Forst und Waldland der Hacke und über 300 Millionen Hektar Grasland dem Pflug zum Opfer. Darüber hinaus werden 117 Millionen Hektar Sumpf und Moor trockengelegt und in den Gebieten mit geringem Niederschlag 17 Millionen Hektar Boden künstlich bewässert. Zusätzlich gelang es, mit Hilfe von Düngemitteln, Herbiziden, Pestiziden und durch moderne Agrartechniken die jährlichen Ernteerträge um ein Vielfaches zu steigern.

Doch im Gegensatz zu diesem weltweiten Fortschritt hat sich jedoch in Afrika die Entwicklung umgekehrt. Die Menschen auf diesem Kontinent verfügen über immer weniger Raum für die landwirtschaftliche Produktion. Die Natur reagiert dabei auf die rapide Zunahme der Bevölkerung mit eigenen Gesetzmäßigkeiten: dem Wachstum der Dürrezonen durch Versteppung, Verwüstung und Versalzung. Immer weiter dehnen sich jene Flächen aus, auf denen die landwirtschaftliche Produktion aufgegeben werden muß und damit die Einheimischen sich selbst nicht mehr mit Nahrungsmitteln versorgen können. Die Hungerkatastrophen mit Millionen von Toten in den letzten Jahrzehnten sind die deutlichsten Warnzeichen für die fortschreitende Zerstörung von Reserven auf der Erde.

Dieser Verlust tritt immer dann auf, wenn ein Naturraum bis an den Rand seiner geo-ökologischen Grenzen genutzt wird. Auf diesen Zusammenhang von natürlichem Potential und Belastbarkeit haben Wissenschaftler der verschiedensten Fachrichtungen schon seit langem hingewiesen. Doch ihre Mahnungen mußten erst durch Hiobsbotschaften und mit Bildern von verhungernden Kindern mit aufgeblähten Bäuchen bewiesen werden, um in der Öffentlichkeit und bei Politikern Mitleid zu erregen und ihren Blick auf die Folgen von ökologischen Krisen und der weitgehenden Zerstörungen von Lebensräumen zu lenken. Zwar gab es in der ökologischen Geschichte von Naturräumen wiederholt Krisenfälle, die mit den Symptomen zurückgehender Ernteerträge und damit vor Engpässen in der Nahrungsmittelproduktion warnten, doch die spektakulärste Entwicklung beschäftigte unter dem Stichwort »Dürre im Sahel« die Weltöffentlichkeit erst zu Beginn der siebziger Jahre. Auch wenn es heute wieder etwas still um diese Region Afrikas geworden ist, und die ersten Regenfälle nach Jahren der »Dürre« die Schlagzeilen aus den Zeitungen fortgeschwemmt haben, so weisen Untersuchungen darauf hin, daß die von Menschen durch falsche oder zu starke Nutzung des Naturraumes ausgelöste Desertifikation weiter fortschreitet, immer schneller und zum Teil sich selbst verstärkend. Zwar löste die Sahel-Katastrophe der Jahre 1967 bis 1973 eine Informationsflut sämtlicher Medien und spontane Hilfs- und Rettungsaktionen internationaler Organisationen aus, doch die unterschiedlichen Meinungen der Experten, die seit Jahren in dem betroffenen Gebiet nach den Ursachen der Unfruchtbarkeit forschen, haben allzugern der Öffentlichkeit als Alibi gedient, die Wissenschaft hätte weder die verhängnisvolle Entwicklung vorhersehen noch verhindern können.

Die Unsicherheit erhielt weiteren Auftrieb durch die unterschiedlichen Lösungsvorschläge bei Konferenzen und Symposien wissenschaftlicher Kommissionen. Von der Evakuierung der Sahelbevölkerung – was an den realen Problemen vorbeigeht – bis zur Umsiedlung der Nomaden in die regenreichen Gebiete des Südens reichten die Vorschläge der Experten. Sie entwickelten auch die Idee, durch Aufforstungen am Südrand der Sahara die wachsende Wüste wie mit einer grünen Mauer in Grenzen zu halten. Doch diese Vorschläge sind eher nur Erste-Hilfe-Maßnahmen für den Patienten Sahel, eine gründliche Diagnose seiner Krankheit steht anscheinend noch aus.

Die in der Wissenschaft geführte Diskussion um die Ursachen der Katastrophe ist, wie der Geograph Hans Karl Barth formulierte, ein »offenkundiger Ausdruck eines Mangels an systematischer Grundlagenforschung. Trotz der inzwischen nahezu unüberschaubaren Fülle an Einzelbeiträgen aller Forschungszweige und trotz der Vielzahl von Entwicklungsprojekten in allen Sahelstaaten ist festzustellen, daß die wesentlichsten Voraussetzungen sinnvoller Entwicklungsplanungen nach wie vor nicht erfüllt sind. Diese bestehen in der detaillierten Kenntnis des Naturpotentials eines Raumes mit allen diesen begründeten Geofaktoren in ihrem komplexen Zusammenspiel. Einzig an ihm und an den vorausschaubaren Wirkungsmechanismen bei Veränderung dominanter Größen im Landschaftshaushalt hat sich der wirtschaftende Mensch zu orientieren.« Doch bereits Anfang der fünfziger Jahre hatten Wissenschaftler und Geo-Ökologen vor den Konsequenzen einer Nutzung des Naturraums gewarnt, deren Übermaß und Einseitigkeit die natürlichen Kreisläufe zerstören mußte. Als das Bevölkerungswachstum, aber auch marktwirtschaftliche Überlegungen, dazu führten, daß die Regenfeldbau-Flächen unvernünftig ausgedehnt und die Viehherden in einem nicht vertretbaren Maße aufgestockt wurden, mußte das Absinken der Niederschlagsmenge (nicht das Ausbleiben!) auf den intensiv genutzten Feldern und Weiden nach einer längeren Periode zwangsläufig zum Kollaps des gesamten Ökosystems führen.

Jedes menschliche Wirtschaften, wenn es die Grenzen der ökologischen Belastbarkeit einer Landschaft überschreitet, zerstört früher oder später den Lebensraum und damit die Existenzgrundlagen der Bevölkerung. Doch diese Lehre aus den Dürrejahren im Sahel und von den Grenzen der Machbarkeit, die die Faktoren wie Klima, Regenmenge und Bodenzustand setzen, findet nur schwer Eingang in die Diskussion über Probleme der Entwicklungspolitik. Natur und Ökologie bleiben davon weitgehend ausgeklammert, der Hunger wird allzu leicht als Folge falscher, politischer, sozialer, wirtschaftlicher oder institutioneller Zielvorgaben beschrieben. Bei richtigem Einsatz von Kapital, technischem und chemischem Know-how, so die Meinung zahlreicher Entwicklungsexperten, könne jederzeit die Zerstörung von Ressourcen verhindert und das Problem schwindender Nahrungsmittelproduktion gelöst werden.

Nicht der Mensch, sondern die Natur hat in der Geschichte des afrikanischen Kontinents in weiten Gebieten die Landnutzung bestimmt. Daran konnte auch moderne Agrartechnik grundsätzlich nichts ändern. So wanderten einst über weiten Grassavannen große Tierherden. Sie waren beweglich und zogen mit dem Regen, der ihnen Gras in ausreichender Menge zur Verfügung stellte. Als Jäger und Nomade durchstreifte einst auch der Mensch die Gebiete, doch die Gründung von Dörfern erlaubte die Natur in den Savannen nicht: Bereits nach kurzer Zeit wären die Weiden kahlgefressen, die Böden erschöpft und die Brunnen versiegt gewesen. Erst in den Baumsavannen, wo die Vegetation vielfältiger, die Fauna abwechslungsreicher und der Niederschlag reichhaltiger ist, gründete der Mensch die ersten Siedlungen. Doch der Ackerbau war schwierig, da wegen der Nährstoffarmut der Böden regelmäßig neue Felder urbar gemacht werden mußten. Die Dörfer lagen weit verstreut in der Landschaft, da ihre Bewohner viel Land benötigten, um sich versorgen zu können. In den Galeriewäldern an den Flüssen, wo Wasser während der meisten Monate des Jahres zur Verfügung stand und der Regen fruchtbaren Boden angeschwemmt hatte, reihten sich die Siedlungen dicht aneinander. Die Bäume lieferten Bau- und Brennholz, die Äcker in einem Streifen entlang des Flusses konnten zusätzlich bewässert werden, so daß die Ernten mehr Menschen zu ernähren vermochten. In den Bergen oder an den Küsten Afrikas, wo die Niederschläge so hoch sind, daß ein dichter Wald wächst, sind größere Siedlungen gewachsen. Ackerbau und Viehzucht waren in der Lage, auf dichtem Raum mehr Menschen als in den Gras- und Baumsavannen zu ernähren. Für den Bau von Häusern und zum Kochen stand ausreichend Holz zur Verfügung.

In den meisten dieser Vegetations- und Lebensräume Afrikas reichen die jährlichen Niederschlagsmengen gerade für eine An-

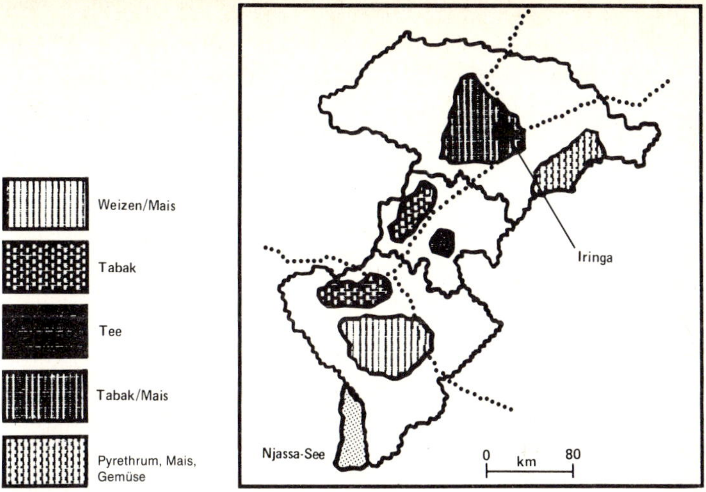

Abbildung 11: Hauptanbaugebiete in der Iringa-Region.

bauperiode aus. Zudem sind in diesen Bereichen die Böden äußerst arm an Nährstoffen. Mit dem Regen- oder Wanderfeldbau (Shifting cultivation) haben die Bauern seit Jahrhunderten versucht, mit diesen einschränkenden Bedingungen zu leben und ohne großen technischen Aufwand ein landwirtschaftliches Produktionssystem einzurichten. Ihre Siedlungen, zu denen sich eine oder mehrere Großfamilien zusammenschlossen, waren meist zu klein, um Dörfer genannt zu werden. Gemeinsam schlagen die Männer drei bis vier Monate vor Beginn der Regenzeit Büsche und Bäume ab und lassen das Feuer durch die Savanne oder den Wald laufen, um Raum für neue Äcker zu roden. Anschließend wird die Asche als Dünger in den Boden gehackt. Auf diesen »Shambas« wachsen Hirse, Mais, Cassave und Süßkartoffeln. Nach einem bis drei Jahren ist der Boden erschöpft, und die Dörfer brauchen neue Äcker. Dieses System des Wanderfeldbaus kann nur drei bis fünfzehn Menschen pro Quadratkilometer ernähren, und ist damit sehr flächenintensiv. Fünf bis fünfzehn Jahre, zuweilen aber auch bis zu einhundert Jahre braucht dann wieder der Savannenboden, um sich zu erholen. Verschiedene

Völker in Tansania haben diese Anbaumethode verfeinert, ohne aber im wesentlichen den Landverbrauch einzuschränken. So verlängerten die Makombe durch bestimmte Fruchtfolgen die Anbauperiode auf drei Jahre. Andere Stämme, vor allem in Süd-Tansania, überlassen den gerodeten Busch für ein Vierteljahr den Termiten, die tote Blätter und abgestorbenes Holz durchwühlen und in einen Dünger verwandeln, der hochwertiger ist als Asche.

Eine derart extensive Form der Bodennutzung kann über längere Zeit allerdings nur dort erfolgreich funktionieren, wo Land in ausreichendem Maße zur Verfügung steht. Denn der ungeheuere Flächenverbrauch bedeutet, daß der Regen- oder Wanderfeldbau nur sehr wenige Menschen ernähren kann. Aus der allgemein geringen Ertragfähigkeit der Landschaft folgt aber auch, daß diese Lebensräume keine hohen Populationsdichten – sowohl von Tieren als auch von Menschen – verkraften. Daher waren die weit über das Land verstreuten Siedlungen meist klein geblieben. Und gerade dort, wo in den letzten Jahrzehnten der Bevölkerungszuwachs zu einer hohen Siedlungsdichte führte und die Boden-, Wald- und Wasserressourcen im Umland erschöpfte, sind in Tansania überall binnen kurzer Zeit die Folgen in Form von Zerstörung zu beobachten. Der Rodung von Galeriewäldern folgte die Erosion, bei der fruchtbarer Oberboden abgetragen und fortgeschwemmt wurde. Der Bedarf an Holz, aber auch die Überweidung von Baumsavannen hat zur Folge, daß diese Landschaftsräume langsam in Grassavannen übergehen und damit noch weniger Menschen zu ernähren vermögen. Auf lange Sicht wird dabei nicht nur die Vegetation zerstört, sondern auch die Wasserversorgung gefährdet.

Das geographische Relief, die Fruchtbarkeit der Böden, die jährliche Niederschlagsmenge und die Temperaturen sind die wichtigsten ökologischen Faktoren für den Ackerbau in Ostafrika. Dort, wo die Regenzeit in mindestens drei aufeinanderfolgenden Monaten einen Niederschlag von über 600 Millimetern garantiert, ist eine Wachstumsperiode gegeben und damit der Anbau einer Vielzahl von Nutzpflanzen möglich. Wohl zu einer der ältesten Kulturpflanzen in Afrika gehört das Sorghum (Sorcum bicolor), dessen öko-physiologische Anpassungsfähigkeit sein Wachstum innerhalb eines breiten Spektrums von unterschiedlichen Standortbedingungen zuläßt. Die Pflanze toleriert beachtliche Dürreeinwirkungen ebenso wie eine hohe Wassermenge durch extrem starke Niederschläge. Sie wächst auf tonweichen Böden ebenso wie auf leichten, sandigen Substraten. Ihre Vegetations- und Reifephase ist der Dauer der Regenzeit angepaßt und beträgt zwischen 90 und 140 Tagen, wodurch sie sowohl in den Feuchtsavannen als auch in den Trockengebieten überleben kann. Dabei variiert allerdings der Ertrag. In trockenen Regionen wird pro Hektar eine Tonne, in niederschlagsreicheren Gegenden bis zu zwei Tonnen Sorghum geerntet.

Wohl die wichtigste Feldfrucht auf den Bauernhöfen in Tansania ist neben Maniok und Cassave aber der Mais. Er ist in weiten Gebieten das Grundnahrungsmittel und spielt darüber hinaus eine Rolle als Futtergetreide bei der Geflügel-, Schweine- und Milchviehhaltung. Erst im 16. Jahrhundert ist der Mais aus Mittelamerika nach Afrika gelangt, wo er bis heute Sorghum und Hirse auf die ärmeren Böden verdrängen konnte. Langsam und mit Hilfe moderner Agrartechnik dringen die Maisfelder jedoch auch in die Savannen vor, die den ökologischen Anforderungen der Pflanze durchaus gerecht werden: Mit 80 bis 120 Tagen Wachstumszeit entspricht seine Reifeperiode der von Sorghum und Hirse. Doch im Unterschied zu diesen einheimischen afrikanischen Feldfrüchten reagiert der Mais äußerst empfindlich auf arme Böden und Wassermangel. Mit der steigenden Gefahr von Dürre in den Trockensavannen erhöht sich damit drastisch das Anbaurisiko, so daß in Gebieten mit einem jährlichen Niederschlag unter 800 Millimetern der Anbau zwar möglich ist, eine Ernte aber nicht immer garantiert werden kann.

Von Entwicklungsexperten hört man häufig, daß in den Tropen riesige Landareale als ungenutzte Ressource für die Nahrungsmittelproduktion zur Verfügung stehen. Berücksichtigt man jedoch die ökologischen Bedingungen dieser Gebiete, so ergibt sich, daß auf vielen Flächen der Steigerung von Ernteerträgen natürliche Grenzen gesetzt sind. Da immer mehr Menschen ernährt werden müssen, der Boden aber unabhängig davon die gleiche Zeit braucht, um sich zu erholen, stieg in der Vergangenheit der Bedarf an neuem Ackerland sprunghaft an. Zum Opfer fielen diesem Verbrauch die Baumsavannen und tropischen Regenwälder. Vor allem Eingriffe in das sensible Ökosystem des Regenwaldes haben katastrophale Folgen. Wenn für die Landwirtschaft die Bäume gerodet und verbrannt werden, ist zwar der Nährstoffvorrat der Regenwald-Biomasse auf den neuen Feldern

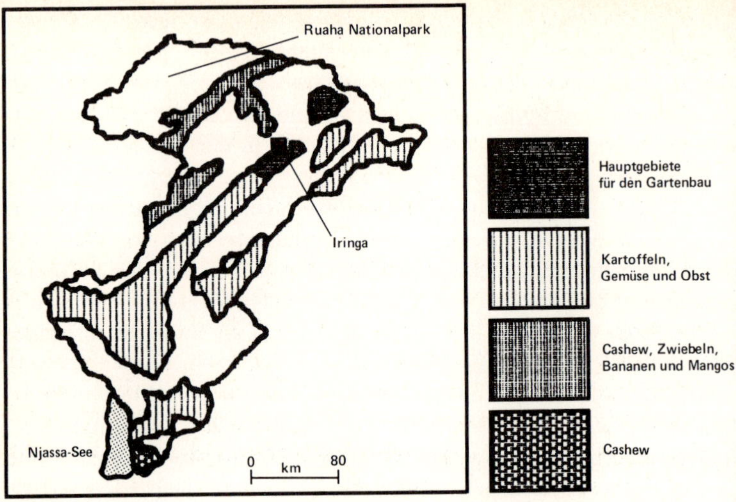

Abbildung 12: Gemüse- und Obstanbau in der Iringa-Region.

größtenteils in der Asche als Dünger verfügbar, doch nur kurzfristig. Denn der Kreislauf von Wachsen, Sterben und Vermodern, der den Regenwald am Leben erhält, ist durch die Brandrodung unterbrochen worden. Das Recycling von Nährstoffen ist beendet. Durch Erosion oder Regen werden die Minerale im Boden ausgewaschen. Bereits der erste Platzregen schwemmt einen erheblichen Teil der in der Asche für die Kulturpflanzen vorhandenen Nährstoffe fort. Nach zwei bis drei Ernten ist die in der Erde noch vorhandene organische Substanz erschöpft und damit auch die Fruchtbarkeit des Bodens am Ende. Danach muß die Parzelle wieder aufgegeben werden und ein neues Feld in den Wald gebrannt werden. In der Praxis brachten bislang alle Versuche, diesen Landverbrauch mit Hilfe von Düngung zu unterbrechen, keine befriedigenden Ergebnisse. Verantwortlich dafür sind die Schauerregen, die in den Tropen mit 40 bis 75 Millimeter in einem Zeitraum von ein bis zwei Tagen niedergehen. Sie waschen innerhalb kurzer Zeit allen Kunstdünger aus dem Boden und schwemmen ihn fort. »Drei Jahrzehnte Entwicklungshilfe«, so Professor Wolfgang Weischet, »mit hohem wirtschaftlichen und technologischen Aufwand haben es bisher in den Problemgebieten der immer feuchten inneren Tropen nicht fertiggebracht, aus Rodungsparzellen im Wald nachhaltig ertragsfähige agrarische Dauernutzungsflächen zu machen.« Die Entwicklung: Heute ist in weiten Teilen Tansanias die Bodenfruchtbarkeit infolge von Dauer- und Übernutzung gefährdet. Immer kürzer wird für die Äcker die Brachzeit, zuweilen wird darauf verzichtet, weil der steigende Nahrungsbedarf den Bauern keine andere Alternative mehr läßt und sie aus dem Boden herausholen müssen, was nur geht. Der Erde wird keine Zeit zur Erholung und Regeneration eingeräumt, was zum einen die landesweit sinkende Bodenfruchtbarkeit erklärt, zum anderen auch, warum in den letzten Jahrzehnten in Tansania das Pro-Kopf-Aufkommen an Nahrungsmitteln rückläufig ist. Auch wenn in dieser Situation durch bestimmte Fruchtfolgen die Nutzung der Felder verlängert werden kann, so werden letztendlich doch nur die Dauerschäden verzögert.

Mit den Tieren ziehen die Hirten

In der Ökonomie Tansanias dominiert nach wie vor die Landwirtschaft. Dieser Bereich erwirtschaftet über 50 Prozent des Sozialprodukts, und ihm verdankt das Land mehr als 80 Prozent der Exportgewinne. Über 90 Prozent der Bevölkerung lebt auf dem Lande, wobei 2,25 Millionen Menschen sich in 8000 Dörfern zu Kooperativen zusammengeschlossen haben. Mit 75 Prozent haben jedoch weiterhin die privaten Kleinbauern den größten Anteil am Landwirtschaftsexport des Landes, und mit einem Wertanteil von über 80 Prozent liefern ihre Höfe den größten Teil der Getreide- und Maisproduktion auf dem Inland-Markt ab. Daher bauen sie in erster Linie Mais, Cassave und Hirse an, für die Ausfuhr werden auch Cash Crops wie Kaffee, Tee, Pyrethrum, Baumwolle und Tabak produziert. Eine kleine Anzahl größerer Plantagen produziert Sisal, Tee, Kaffee, Zucker, Weizen und Reis. Große Viehherden spielen in der privaten Landwirtschaft nur eine untergeordnete Rolle und werden in erster Linie zur Selbstversorgung gehalten.

Zur gegenwärtigen Einschätzung der Lage äußert sich die offizielle Landwirtschaftspolitik hoffnungsvoll: »Mit einem großen Anteil von kultivierbaren Gebieten, die gegenwärtig noch ungenutzt und brachliegen und deren agroklimatische Bedingungen erlauben, verschiedene Fruchtarten anzubauen, wird langfristig das landwirtschaftliche Potential als gut eingestuft.« Vor allem verweisen die Landwirtschaftsexperten der Behörden darauf, daß im Gegensatz zu anderen afrikanischen Ländern in Tansania mit sieben Exportfrüchten (Kaffee, Baumwolle, Gewürznelken, Sisal, Erdnüsse, Tee und Tabak) die Angebotspalette für den Weltmarkt breit ist.

Dennoch hat in den letzten Jahren die Leistung der tansanischen Landwirtschaft enttäuscht. Die Zuwachsrate konnte trotz aller Anstrengungen nur knapp mit dem Bevölkerungswachstum Schritt halten. Offiziellen Statistiken zufolge erwirtschaftete zwischen 1970 und 1979 die landwirtschaftliche Produktion jährlich einen Wertzuwachs von 4,9 Prozent, wobei die Herstellung von Grundnahrungsmitteln um 7,1 Prozent anstieg, während die ausfuhrorientierte Landwirtschaft ein Wachstum von nur 2,1 Prozent pro Jahr erreichte. Doch das gesamte Exportvolumen ist im Vergleich mit dem Jahr 1966 im Wert gesunken. Insgesamt war der Ausfuhrerlös der sieben Hauptfrüchte 1973 um 34 Prozent und 1980 immerhin noch um 28 Prozent niedriger als 1966. Damit hatte das allgemein sinkende Preisniveau auf dem Weltmarkt auch auf den tansanischen Inlandsmarkt durchgeschlagen und zu Einbußen bei der einheimischen Landwirtschaft geführt. Dagegen ist der Wertzuwachs bei der Erzeugung von Grundnahrungsmitteln auf höhere Preise zurückzuführen, die die Bauern seit der zweiten Hälfte der siebziger Jahre für ihre Ernte bekommen.

Neben den fallenden Weltmarktpreisen gibt es aber weitere Gründe für den insgesamt enttäuschenden Zustand der gesamten landwirtschaftlichen Entwicklung in Tansania. An erster Stelle steht die staatliche Preispolitik: Den Bauern wird vorgeschrieben, wieviel sie auf dem offiziellen Markt für ihre Ernte verlangen dürfen. Vielen Landwirten fehlt daher immer noch der Anreiz, verstärkt für das eigene Land Nahrungsmittel zu produzieren. Zudem kann mit der kostenlosen Verteilung von Mais und

Weizen, die dem Staat von der Welthungerhilfe zur Verfügung gestellt werden, kein Bauer konkurrieren. Ein weiterer Grund für die Lähmung der Landwirtschaft sind die unbezahlbaren Preise, die für Geräte, Düngemittel und Saatgut gefordert werden. Sie müssen mit harten und nur schwer zu verdienenden Devisen auf dem Weltmarkt eingekauft werden, da sie im Inland nur unzureichend hergestellt und auf den Markt gebracht werden. Außerdem verstärken Mißwirtschaft, Ineffizienz beim Transport und Mangel an Investitionsgütern die Landwirtschaftskrise in Tansania.

Andere Faktoren, welche Verbesserungen auf dem landwirtschaftlichen Sektor verhindern, werden von sozialpolitischen Zwängen, dem Ziel, daß sich jeder aus der Bevölkerung die Grundnahrungsmittel auch leisten kann, und der Komplexität entwicklungspolitischer Planungen bestimmt. Die sozialpolitischen Zwänge sind größtenteils ein Produkt von häufigen und experimentierfreudigen Kurswechseln der Regierung, wie die Projekte der Ujamaa-Bewegung, Ansätze zur Dezentralisierung und die Gründung verschiedener staatlicher Organisationen zeigen. Für die Landwirtschaft haben diese Versuche nicht nur eine Instabilität zur Folge, sondern kurzfristig zuweilen auch den Ausfall der gesamten Produktion. Das Ziel, die Bevölkerung mit preiswerten Nahrungsmitteln zu versorgen, versucht die Regierung mit vorgeschriebenen Preisen zu erreichen. Die Folge: Für die Bauern ist es attraktiver, ihr Gemüse entweder auf dem Schwarzmarkt teuer zu verkaufen oder aber für den Export anzubauen, anstatt die Ware zu den Regierungspreisen feilzuhalten. Langfristige Entwicklungsplanung wird auch durch fehlende konkrete Zielvorgaben in der Landwirtschaft und durch die permanent auftauchenden Versorgungsengpässe beim Aufbau einer funktionierenden Infrastruktur erschwert. Die Verantwortlichen stehen vor dem Problem, auf der einen Seite wegen der dringend notwendigen Deviseneinnahmen den Anbau von Exportfrüchten zu fördern, gleichzeitig aber auch den weiteren Rückgang der Produktion von Grundnahrungsmitteln zu verhindern. Zusätzlich müssen in Tansania noch Industriezweige aufgebaut werden, in denen dann landwirtschaftliche Produkte verarbeitet und damit vermarktet werden können.

Als weiterer Kostenfaktor, der die Investitionskraft des Landes schwächt, spielt auch die zunehmende Erschöpfung von Res-

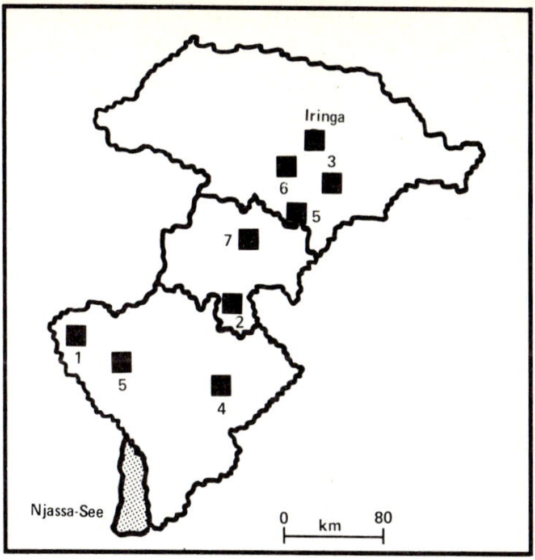

Abbildung 13: Rinderzucht-Zentren in der Iringa-Region: 1 Kitulo Ranch (geplant) 2 Mufindi Beef Breeding Ranch (in Betrieb) 3 Ihimbo Vielzweck-Farm (in Betrieb) 4 Ikanga Ranch (in Betrieb) 5 Mögliche Standorte für weitere, geplante Rinderfarmen 6 Iringa Beef Breeding Ranch (geplant) 7 Johns Corner Geflügel-Farm (in Betrieb).

sourcen eine Rolle. So werden immer dringender Mittel für Aufforstungen benötigt, nicht allein um für den Hausgebrauch Feuerholz zu gewinnen, sondern um die Tabak- und Teeproduktion auch weiterhin zu garantieren. Denn die Wälder im Umkreis solcher Plantagen sind in den letzten Jahren derart abgeholzt worden, um die Ernte zu trocknen, daß die Kosten für das Feuermaterial nicht nur die möglichen Gewinne schlucken, sondern der Mangel an Energie bereits die Produktion schlechthin gefährdet. Ein Teil jener brachliegenden Landressourcen, die die Regierung in Tansania künftig verstärkt nutzen will, sind die weiten Flächen der Grassavannen. Intensiver Ackerbau ist dort nicht möglich. In dem Maße, wie abnehmende Niederschläge und längere Trockenzeiten den Wanderfeldbau einschränken, hat in diesen Gebieten daher die Weidewirtschaft an Bedeutung gewonnen. In der Vergangenheit war die Viehhaltung auch die einzige

Lebensgrundlage der hier lebenden Bevölkerung gewesen. Da durch den Wechsel von langanhaltender Trockenheit und kurzer Regenzeit sich auch das Futterangebot in den Savannen ständig verändert, mußten die Menschen mit dem Regen wandern, da ihre Rinder-, Ziegen- und Schafherden während der Dürrezeit an einem festen Standort nicht genügend Futter vorfanden.

Die bekanntesten Nomaden in Tansania sind die Massai. Ihre ganze wirtschaftliche Existenz hängt von der Viehzucht ab. Rinder sind ihr wertvollster Besitz und Statussymbol, wobei die Stückzahl, nicht die Eignung der Tiere für die Milch- und Fleischproduktion, den Reichtum eines Mannes ausdrückt. Um die wertvollen Rinder zu schonen, halten sich die Massai Esel als Lasttiere und Schafe und Ziegen für das Fleisch. Über Jahrhunderte durchstreiften sie die Savannen, in friedlicher Koexistenz mit den Wildbeständen, ohne diese zu gefährden. Als einzige Ausnahme wurden die Elenantilopen von ihnen bejagt. Ihre Wanderrouten wurden von den Weideplätzen für das Vieh bestimmt. Ihrer Anzahl nach sind die Massai in Tansania unbedeutend; nach der letzten Volkszählung eine kleine Gruppe von 110000 Menschen, die verstreut in den weiten Steppen und Grasländern leben. Doch Tierschutzparks und Agrarlandschaften haben heute ihren Lebensraum eingeengt, so daß sich nach der Statistik drei Menschen einen Quadratkilometer Land teilen. Das ist, rechnet man die Herden dazu, ökologisch gesehen zuviel. Denn es gibt bereits deutliche Hinweise auf die geringe Belastungsfähigkeit des Naturraums: Mit ihren Herden haben die Massai in den letzten Jahren weite Teile des Landes überweidet, so daß dort die Erde der Erosion durch Wind und Regen preisgegeben ist. Nach den Vegetationsbedingungen wären ein bis zwei Hektar Land erforderlich, um ein Rind zu ernähren, ohne den Naturraum in seiner Existenz zu gefährden. Doch heute steht dem Vieh oft nur knapp die Hälfte dieser Fläche zur Verfügung, die es zudem noch mit Ziegen und Schafen teilen muß.

Der Fortschritt stößt an Grenzen

Zu viele sind zuviel

In der großartigen und während der Regenzeit grünen Landschaft Tansanias stößt der Reisende meist nur an den Straßen auf Dörfer und damit auch auf Menschen. Abseits der Wege erweckt das Land den Eindruck, kaum besiedelt zu sein. Ein weiter Raum scheint brachzuliegen und nur auf den Bauern zu warten, der die Ressourcen nutzt. Doch dieser Traum von der Fruchtbarkeit des Bodens erfüllte sich bislang nicht. Im Gegenteil: An vielen Orten ging in den letzten Jahren die landwirtschaftliche Produktion trotz aller Anstrengungen zurück. Vor allem am Rande größerer Siedlungen hat sich der Bevölkerungsdruck auf die Umgebung verheerend ausgewirkt. Fruchtbares Ackerland wurde knapp und die Zeit der Brache, die für die Erholung der Erde nach einer zwei- bis dreijährigen Erntezeit absolut notwendig ist, wird immer kürzer. Die Bauern können es sich nicht mehr leisten, die Felder nicht zu bestellen und dem

Boden Ruhe zu gönnen. Denn ihre hungrige Kinderschar wird immer größer.

Dort, wo der Boden fruchtbar ist, haben sich in der Vergangenheit die Menschen niedergelassen. Mitte der sechziger Jahre, als die Entwicklung der Iringa-Region auf den Reißbrettern geplant worden war, entschloß man sich, die verstreut liegenden Dörfer zusammenzulegen. Zum einen waren dafür politische Überlegungen verantwortlich, zum anderen auch wirtschaftliche Argumente: Die Zentralisierung rechtfertigte den dringend notwendigen Bau von Schulen und Krankenhäusern und den ökonomischen Einsatz von Erntemaschinen und Traktoren. In den folgenden Jahren zeigten sich jedoch selbst bei kleineren Dörfern mit 60 bis 120 Familien die verheerenden ökologischen Folgen dieser Konzentration: Der Bedarf der wachsenden Bevölkerung hat die Ressourcen von Weide und Wald erschöpft und zum Teil bereits zerstört. Denn der Naturraum verträgt keine intensive Nutzung. In den Unterlagen von Landnutzungsplanern findet diese Entwicklung als Zeit- oder Wegfaktor Beachtung, mit dem die zunehmend größer werdende Entfernung von den Bauernhöfen zu den Feldern beschrieben wird. In zahlreichen Orten müssen die Bauern bereits heute mehrere Kilometer laufen, um ihre Äcker zu bestellen, die einst direkt an ihrem Haus lagen, inzwischen aber mangels Bodenfruchtbarkeit keine Erträge mehr bringen. Auf ihnen ist nach mehrmaligen Ernten die Erde bereits so ausgelaugt, daß sie mehrere Jahre ruhen und sich regenerieren müßte, um neue Früchte hervorzubringen.

Auf der Suche nach fruchtbarem Land oder grünen Weideflächen weiten sich die Dörfer immer mehr aus, und in der Iringa-Region kommt es bereits vereinzelt zu Konflikten mit Nachbarsiedlungen, die vor den gleichen Problemen stehen. Zusätzliche Konkurrenz schaffen jene Farmer, die auf großen Flächen in Monokultur zum Beispiel Tabak, Tee, Mais und Weizen anbauen oder wo staatliche Rinderfarmen immer mehr Weideland benötigen. In diesen Gebieten wird jeder Quadratmeter genutzt, so daß für den Anbau von Grundnahrungsmitteln immer weniger Akkerland zur Verfügung steht und es gerade in jenen Räumen, wo nach den Statistiken hohe Erträge in der Landwirtschaft erzeugt werden, es häufig Engpässe bei der Versorgung mit Nahrungsmitteln gibt. Diese Entwicklung wurde bereits vor Jahren bei der Unilever-Tochter Brook-Pond erkannt. Diese englische Tee-Ge-

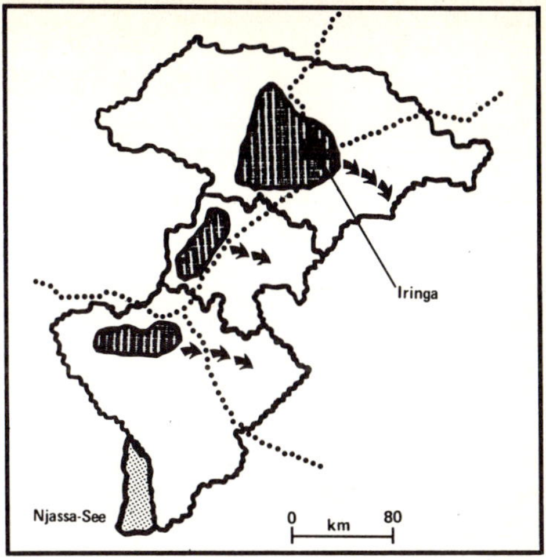

Abbildung 14: Wanderungsbewegungen der Bevölkerung in der Iringa-Region. In den großen Anbaugebieten mit Monokulturen (vor allem mit Tabak) sind die Äcker für den Anbau von Grundnahrungsmitteln in den letzten Jahren knapp geworden. Die Folge: Teile der Bevölkerung versuchen, in weniger intensiv bewirtschafteten Räumen der Region überzusiedeln, um dort mit der Landwirtschaft neu zu beginnen.

sellschaft ging mittlerweile dazu über, auf ihren großen Plantagen in Mufindi auch Weizen, Mais und Kartoffeln anzupflanzen sowie Schweine und Ziegen zu halten. Das Ziel dieser »Entwicklungspolitik« ist nicht uneigennützig: Denn der Garantielohn nützt den Arbeitern wenig, wenn ihre Familien nichts zu essen haben. Mit beidem, der Arbeit und der Versorgung mit Nahrungsmitteln, versuchen die Farmer, ihre Teepflücker an die Plantage zu binden.

In einigen Fallbeispielen wird deutlich, daß in der Iringa-Region bereits heute Grenzen der Natur-Ressourcen erreicht sind und damit die Möglichkeit der Selbstversorgung durch die einheimische Landwirtschaft an ihre Grenzen gelangt ist. In einer Höhenlage von 500 bis 600 Metern liegt im Nordwesten der Region die Ortschaft Nyanzwa. Jährlich fallen in diesem Gebiet zwischen 400 und 500 Millimeter Regen. Die Landwirtschaft ist daher auf zusätzliche Bewässerung angewiesen. Im Dorf leben 23

Familien, wobei 90 Prozent Ackerbau betreiben. Der Rest gehört zu den Massai, die etwa sechs Kilometer außerhalb der eigentlichen Ortschaft ihre Herden weiden lassen. Für die Ernährung wird Mais auf den Feldern angebaut, für den Verkauf sind die Zwiebeln und Tomaten bestimmt. Diese werden auf der 35 Kilometer entfernten Hauptstraße angeboten. Die Bewässerung der Felder aus dem Fluß ermöglicht dreimal pro Jahr eine Ernte: Zuerst Mais, dann Zwiebeln und anschließend Tomaten. Gegenwärtig werden 35 Prozent der Felder bewässert. Von der Wasserzufuhr aus dem Ruaha hängt die Zukunft der Ortschaft ab. Nach Aussagen von Experten ist es möglich, den Anteil der bewässerten Äcker auf 60 Prozent zu steigern. Damit hat der Ort zumindest gewisse Wachstumschancen. Auch für das Vieh treten während der Trockenzeit noch keine Nahrungsengpässe auf. Jedem grasendem Rind stehen etwa 10 bis 15 Hektar Land zur Verfügung. Insgesamt könnten von der Weidefläche, die zu dem Dorf gehört, 800 bis 900 Stück Vieh ernährt werden. Doch der positive Eindruck der Statistiken hat seine Kehrseite: Als einschneidender und begrenzender Faktor ist in Nyanzwa bereits der Mangel an Trinkwasser spürbar. 115,77 Kilometer marschiert wöchentlich eine Familie, um den Bedarf zu decken. Knapp 10 Kilometer werden zurückgelegt, um das Feuerholz zu sammeln. Relativiert werden die Wachstumschancen des Ortes auch durch einen Blick auf den Landverbrauch in Nyanzwa: Auf 47,63 Hektar wird ständig geerntet, jedoch nur auf 3,31 Hektar abwechselnd, während 49,06 Hektar brachliegen müssen, damit der Boden sich wieder erholen kann.

Auf einer Höhe von 1300 Metern liegt etwa 40 Kilometer westlich der Straße von Iringa nach Mbeya, in der Höhe von Mafinga, die Ortschaft Igomaa. Obwohl der Fluß Ndembela an dem Dorf vorbeifließt, ist die Landwirtschaft mit Problemen konfrontiert, die typisch für die gemäßigte Trockenzone zwischen dem Tal des Ruaha und den Usanga-Bergen sind. Die jährliche Regenmenge von durchschnittlich 800 Millimetern reicht für die 290 Familien im Dorf aus, den notwendigen Vorrat an Mais und Gemüse zu ernten. Im Gegensatz zu den meisten anderen Siedlungen in Tansania setzen hier ein Drittel aller Bauern Pflugochsen in der Landwirtschaft ein. Sie bearbeiten damit einen sichtbar größeren Teil der Ackerflächen als jene Familien, die kein Zugtier besitzen. Für 1500 Menschen in Igomaa ist die Landwirtschaft die einzige Existenzgrundlage. Doch die Landressourcen am Ort sind erschöpft, eine weitere Ausdehnung der Felder und Weideflächen ist nicht möglich. Das Dorf erhielt während der fünfziger und siebziger Jahre bereits einen starken Zuwachs von Bauern, die aus überfüllten Landstrichen der Region abgewandert und nach Igomaa gezogen waren. Vor allem in jenen Gebieten, wo Tee und Tabak intensiv angepflanzt werden, waren nicht mehr genügend Felder vorhanden, um die Familien mit ausreichend Nahrungsmitteln zu versorgen. In zwei Wellen erfolgte der Zuzug, doch der Trend hat sich mittlerweile umgekehrt: Der Nachwuchs von Igomaa hat keine Chance, am Geburtsort neue Felder und Äcker zu bestellen. Die jährliche Geburtenrate beträgt 2 Prozent. Niemand erwartet, daß sich dieser Trend künftig ändern wird. In 20 Jahren wird daher eine Bevölkerungszahl von 2200 Menschen oder 37 Familien zu dem Dorf gehören. Das sind weitaus mehr, als die gegenwärtige Landwirtschaft ernähren kann. Die Kinder sind daher gezwungen, wie einst ihre Väter, neue Felder in anderen Landesteilen zu bestellen.

Nach Kriterien wie der Menge des Regenfalls und der Bodenqualität könnten 485 Hektar Land für den Ackerbau genutzt werden. Eine weitere Ausweitung der Anbauflächen wird aber drastisch eingeschränkt durch einen chronischen Wassermangel und durch die Tatsache, daß die restlichen Landflächen äußerst humusarm und steinig sind. Eine Steigerung der Produktion würde einen zusätzlichen Aufwand an Technik und Chemie erfordern, dessen Finanzierung gegenwärtig für die Dorfgemeinschaft nicht möglich ist. Erforderlich wäre dann vor allem eine Bewässerungsanlage, um die Felder kontinuierlich mit Wasser aus dem nahen Fluß zu versorgen.

Gemeinsam bearbeitet das Dorf 20,75 Hektar Land in Form einer Kooperative. Diese Äcker sind in sechs Anbaugebiete aufgeteilt, wobei in einem Sonnenblumen angebaut werden, auf den restlichen wächst Mais.

Privat besitzt nur jede fünfte Großfamilie in Igomaa eigenes Vieh. Insgesamt grasen auf den Weiden um das Dorf 1400 Kühe sowie 600 Schafe und Ziegen. Die Größe der Herden hängt dabei von den vorhandenen Weideflächen und der Vegetation innerhalb der Dorfgrenzen ab. Legt man als Maßstab die Futterproduktion einer Regenzeit an, so hat der gegenwärtige Viehbestand seine Grenzen bereits überschritten. Während der Trockenzeit kommt es zu Engpässen in der Futterversorgung. Eine Vergrößerung der Herden ist daher künftig ohne Zerstörung des Naturraumes nicht möglich, auch wenn die wachsende Bevölkerung mehr Weideland für ihre Haustiere benötigt. Denn ein totales Abweiden der Grasflächen durch die Viehherden würde die Gefahr von Bodenerosion drastisch steigern. Und neue Grasflächen außerhalb der Dorfgrenzen stehen in Konkurrenz zu anderen Ortschaften, deren Einwohner ähnliche Probleme wie die Bevölkerung von Igomaa haben.

Doch nicht nur mit dem Weideland ist heute bereits das Dorf bei der Nutzung von natürlichen Rohstoffen an seine Grenzen gelangt. Drei- bis viermal pro Woche wandert jede Familie in die umliegenden Wälder, um trockene Äste und Zweige als Feuerholz zu sammeln. Im näheren Umkreis des Dorfes wachsen nur noch ein paar Bäume, der Rest an Wald ist längst dem Energiebedarf zum Opfer gefallen. Sie dürfen nach einer behördlichen Anordnung nicht gefällt werden – außer, wenn neues Ackerland benötigt wird. Das trifft auch auf das Buschwerk entlang der Entwässerungsgräben zu. Es muß bestehen bleiben, um die weitere Erosion der Felder nach heftigen tropischen Regengüssen zu stoppen.

Noch empfindlicher aber trifft die Einwohner von Igomaa die permanente Wasserknappheit. Da das Flußwasser wegen seiner Verschmutzung nicht für den Kochtopf verwendet werden kann, muß jede Familie 40,3 Kilometer pro Woche zurücklegen, um aus Quellen fern der Ortschaft den täglichen Bedarf zu decken.

Mit dem gegenwärtigen landwirtschaftlichen Produktionssystem kann das Dorf den künftigen Zuwachs seiner Bewohner nur dann ernähren, wenn neue Felder auf weniger fruchtbaren Böden und weiter entfernt von den Höfen erschlossen werden. Doch da bereits heute jeder Quadratmeter Humus in unmittelbarer Umgebung von Igomaa intensiv genutzt wird, ist abzusehen, wann dieser Boden verbraucht und ausgelaugt sein wird. Spätestens dann muß damit gerechnet werden, daß die bisherigen Ernteerträge nicht mehr erreicht werden können.

Im Südwesten, 60 Kilometer von Njombe entfernt, in den Hochländern von Ukinga, liegt in 2000 Metern Höhe der Ort Dandala. Hier regnet es durchschnittlich 1500 Millimeter im Jahr und die klimatischen Bedingungen für die landwirtschaftliche Produktion sind äußerst günstig. Doch für die 1390 Menschen in

Dandala bietet der felsige Grund nicht genügend fruchtbares Akkerland. Fünf bis sechs Personen gehören durchschnittlich zu einem der 264 Haushalte. Der Anteil von alten Leuten ist hier besonders hoch, die Zuwachsraten in der Dorfgemeinschaft bleiben seit 1967 weitgehend stabil, da vor allem junge Familien den Ort verlassen, um auswärts Arbeit zu suchen oder eine Chance, neues Land zu bestellen. Entwicklungsexperten gehen davon aus, daß auch in den nächsten Jahren durch Landknappheit um Dandala noch mehr Familien auswandern werden und die Geburtenrate weiter sinkt, denn der größte Teil der Naturlandschaft um den Ort kann auch mit anderen als den gewohnten Agrartechniken nicht genutzt werden. Arme Böden, vor allem aber steile Taleinschnitte, verhindern, daß Äcker in einer sinnvollen Größenordnung angelegt werden können. Insgesamt gehören dem Dorf 560 Hektar Land, von denen 80 Prozent jedoch für die Landwirtschaft nicht in Frage kommen. Zudem liegen die meisten Felder mindestens 2,5 Kilometer außerhalb des Dorfzentrums. Mais und Kartoffeln sind darauf die Hauptanbausorten und werden auf schmalen Streifen geerntet. Es gibt im ganzen Umkreis des Dorfes bis auf zwei Ausnahmen keine Flächen, die groß genug sind, mehr als eine oder zwei Familien zu ernähren. Gegenwärtig bestellt eine Familie durchschnittlich 0,71 Hektar Land. Die zwei Ausnahmen sind Gemeinschaftsäcker, die das Dorf eingerichtet hat, um die Produktion steigern und die Arbeitskraft effizient einsetzen zu können. Von den Bauern wird im allgemeinen erwartet, daß sie zweimal zwei Stunden pro Woche darauf arbeiten und Mais und Pyrethrum anpflanzen. Von Entwicklungsexperten beraten, sollte in der Vergangenheit Düngerzusatz den jährlichen Ertrag steigern, doch bislang ohne sichtbares Ergebnis: Die Maisernte auf den Gemeinschaftsfeldern fiel seit Jahren nicht wesentlich höher aus als auf den Privatäckern.

Um den Bedarf an Wasser zu decken, wandern wöchentlich die Familien über zehn Kilometer. Fast zwölf Kilometer werden durchschnittlich auf der Suche nach Feuerholz zurückgelegt. Von Mangel ist jedoch nicht nur Dandala alleine betroffen. Auch die Nachbardörfer Ikonda und Usagatikwa stehen vor vergleichbaren Ressourcenproblemen. Die Folge ist eine starke Konkurrenz um jeden Quadratmeter fruchtbaren Boden, um jede Trinkwasserquelle, um jeden Stoß Feuerholz und um jeden Streifen Grasland, wobei gerade der Wettbewerb um die zusätzliche Weide von den großen staatlichen Rinderfarmen im Süden des Landes verschärft wird.

25 Kilometer südwestlich von Njombe zweigt an der Straße nach Makeke ein Weg ab. Er führt hinauf auf 2000 Meter Höhe zum Ubena-Plateau, wo die Ortschaft Lugenge liegt. Es ist ein kinderreicher Ort, zu jeder der 464 Familien gehören zwischen fünf und sechs Angehörige, von denen die Hälfte Jugendliche unter 15 Jahren sind. In den nächsten 13 Jahren, so wird vorhergesagt, werde sich die Zahl der Familien auf nahezu 900 verdoppeln.

Lugenge ist ein größerer Ort, der, nach Ansicht von Entwicklungsexperten, von genügend Raum umgeben ist, um den weiteren Bevölkerungszuwachs zu verkraften. Der gegenwärtige Alltag jedoch widerspricht dieser These. Die traditionelle Landwirtschaft ist sehr flächenintensiv und gerade bei der Aufteilung der Weiden kommt es bereits heute zu Konflikten mit benachbarten Dörfern. Die Bewohner haben gegenwärtig keine Möglichkeit, den Druck auf die natürlichen Ressourcen zu verringern, so daß es langfristig zu einer Zerstörung des natürlichen Lebensraumes und damit der Existenzgrundlage kommen muß.

Obwohl zwischen November und Mai über 1000 Millimeter Regen fallen, sind große Flächen unmittelbar in der Nähe des Dorfzentrums für den Wanderfeldbau bereits zu ausgelaugt. Die Bauern sind daher gezwungen, fruchtbare Felder und Äcker immer weiter von ihren Höfen entfernt zu suchen und zu bestellen. Konkret bedeutet das Zeit- und Arbeitsverluste bei einer Produktionsmethode, deren Ineffektivität sich in der Zukunft noch verstärken wird, wenn das Bevölkerungswachstum und damit der Druck auf den Naturraum weiter dieses Tempo beibehält. Zur Zeit kultiviert jede Familie durchschnittlich drei Felder mit einer Gesamtfläche von 1,34 Hektar. Auf dem größten Teil davon, 1,05 Hektar, wird Mais angebaut, auf 0,5 Hektar Weizen, auf 0,15 Hektar Pyrethrum und auf 0,05 Hektar Kartoffeln. Jeden Tag legen die Landwirte bereits einen Weg von 3,5 Kilometer zu ihren Äckern zurück. 1985 produzierte das Dorf gemeinschaftlich auf 8 Hektar seinen Mais. Es erntete dabei 100 Säcke, was einem Gewicht von 670 Kilogramm pro Hektar entspricht. Diese Menge ist weniger als die Ernte eines einzelnen Bauern. Insgesamt stehen dem Dorf Landflächen in einer Größenordnung von 3000 Hektar zur Verfügung, wobei allerdings knapp

1600, also gut die Hälfte, für die landwirtschaftliche Produktion aufgrund der Hanglage nicht geeignet ist.

Immer knapper werden auch die Holzvorräte. Bereits durchschnittlich dreimal pro Woche gehen Frauen und Kinder Äste und Zweige für das Küchenfeuer sammeln und legen dabei jedesmal 4,7 Kilometer, maximal aber auch bis zu 9 Kilometer zurück. Die gegenwärtig vorhandenen Waldgebiete reichen nicht aus, um den Bedarf für das gesamte Dorf an Feuerholz zu decken. Forstfachleute haben ausgerechnet, daß jede Familie durchschnittlich einen Hektar Wald brauchen würde, um ihren Vorrat an Holz sowohl für den Herd als auch für den Hausbau zu decken.

An dem Waldverlust sind aber auch Rinder, Schafe und Ziegen beteiligt, die jedes erreichbare junge Grün an den Zweigen abknabbern. 30 Prozent der Einwohner besitzen Haustiere. Die durchschnittliche Größe der Familienherden beträgt zehn Stück. Die insgesamt 5500 Stück Vieh haben bereits irreparable Flurschäden angerichtet. Abgegraste Weiden, vor allem aber Futtermangel während der Trockenzeit, sind die ersten Hinweise darauf, daß in Lugenge die Grenzen der Viehhaltung erreicht sind. Diese Engpässe werden aber zumindest nach Ansicht der Dorfbewohner in erster Linie von Herden verursacht, die aus den Nachbarsiedlungen kommen.

Die Einheimischen haben keinen Blick dafür – aber auch keine Alternative – daß die Stückzahl an Rindern, Schafen und Ziegen in diesen Orten zu hoch ist und mittlerweile nicht nur für die Knappheit von Weideflächen verantwortlich ist, sondern daß die Herden die vorhandenen Grasflächen durch Übernutzung zum Teil bereits zerstört haben. Die Flächen sind abgegrast, die grünen Triebe der Büsche abgebissen und häufig hinterläßt schon die Bodenerosion tiefe Spuren in der Landschaft. Die Herden wachsen schneller als das Gras, was vor allem in trockenen Jahren zu Einbußen im Viehbestand führt. Wenn die Weidenutzung nicht stärker eingeschränkt und besser kontrolliert und auf einen Stand gebracht wird, der sowohl in guten als auch schlechten Jahren erhalten werden kann, so muß, fürchtet ein Entwicklungsexperte, eines Tages die Bevölkerung um die Hälfte reduziert werden; ob durch Fortzug oder dem Hungertod preisgegeben, das läßt er offen.

Noch stärkere Bedeutung hat die Viehzucht in zwei benachbarten Weilern im Süden, Unyamule und Vilenge. 70 Prozent der

Einwohner in beiden Dörfern leben von der Tierhaltung, da der Boden kaum Landwirtschaft erlaubt. Auf einzelnen, fruchtbaren Landstreifen werden zwar Mais, Weizen, Pyrethrum, Erbsen und Kartoffeln angepflanzt, doch der Großteil der Region bleibt dem Bambus und zahlreichen Büschen überlassen. Neben einem kleinen Wald besteht der Rest des Hochlandes aus weiten Grasflächen, aufgelockert mit einigen Bäumen, die die Hauptressource für das Weidevieh bilden. Vor allem während der Trockenzeit kommen die Rinderzüchter aus Itani nach Lugenge herauf, um hier nach grünem Gras für ihre Herden zu suchen. Konflikte mit Bauern, die einen Teil der Weide im August und Oktober abbrennen, um neue Äcker für die Regenzeit vorzubereiten, sind unausweichlich.

Das Wachstum der Bevölkerung, das sich auf die Landschaft mit einem steigenden Bedarf an Weideflächen und an Äckern und Feldern auswirkt, hat in diesem Teil von Iringa bereits zu zahlreichen Engpässen in der Versorgung geführt. Wenn sich die Methoden des Ackerbaus nicht ändern, muß die Größe der Herden verringert werden. Jeder neue Acker, der mit Hilfe neuer Technologien bewirtschaftet wird, mag zwar die Erträge in der Landwirtschaft steigern, verringert aber gleichzeitig die Weideflächen und damit die Produktivität der Viehwirtschaft.

Eine Papierfabrik macht dem Tee das Wachstum sauer

»Von da unten bläst der Geruch des Fortschritts herauf.« Besorgt blickt der englische Teefarmer Bill Congdon über den Bergrand in das weite Tal des Kigogo-Ruaha. In sieben Kilometer Entfernung schiebt sich über der Southern Pulp Mill eine dichte Rauchfahne senkrecht in den Himmel. Seit dort unten im Oktober 1985 die Mühle begonnen hatte, für ganz Tansania das Papier herzustellen, ziehen jeden Morgen schwefelige Nebelschwaden aus dem Tal über die Berghänge von Mufindi herauf und treiben über die 2500 Hektar große Teeplantage von Brook Bond Tanzania Limited. In ein paar Jahren, fürchtet Congdon, wird die Industrie den Konflikt mit der Landwirtschaft für sich entschieden haben. Dann wird in Tansania zwar genügend Papier auf dem Markt sein, doch das Land ein Drittel seiner Tee-Exporte verloren haben. Und die Bauern der Umgebung werden auf der dünnen Ackererde nichts mehr ernten. Denn der Boden und die

Teepflanzen reagieren äußerst empfindlich auf die Schwefeldioxid-Frachten aus dem Tal.

Ein internationales Bankenkonsortium warf sein Kapital in einen Topf, um mit einem 250 Millionen US-Dollar teuren Industrie-Mammutprojekt den wirtschaftlich zurückgebliebenen Südwesten Tansanias zu entwickeln. Ziel der Finanzgemeinschaft ist es, zu der die Weltbank, die Westdeutsche Kreditanstalt für Wiederaufbau, die Swedish International Development Authority (SIDA), die Europäische Gemeinschaft, der Commonwealth und die OPEC beigesteuert haben, den konkurrenzlosen Papiermarkt Tansanias von Importen unabhängig zu machen. Mit 60000 Tonnen Jahresproduktion, so rechneten sich die Bankfachleute aus, könne 80 Prozent des Inlandbedarfs gedeckt werden. Die Regierung von Tansania räumte diesem Projekt im Rahmen einer langfristigen Industrialisierungs-Strategie höchste Priorität ein, denn sie erhoffte sich davon in vielen Bereichen der nationalen Wirtschaft Anstöße für einen weiteren Zuwachs. Nachdem im Oktober 1985 die ersten Papierstapel die Werkshallen verließen, bekam das Land unmittelbar die segensreichen Auswirkungen des Fortschritts zu spüren. Der Preis der ›Daily News‹, der Regierungszeitung Tansanias, verdoppelte sich von zwei auf vier Shilling. In der Folgezeit sank wegen dieser Preiserhöhung die tägliche Auflage von 80000 auf 60000. Kurz vor Weihnachten 1985 verringerte sich die Auflage wiederum um 20000 Exemplare. Der Grund: Der Verlag war nicht mehr in der Lage, das teure Papier aus Mufindi zu bezahlen und die Southern Pulp Mill stellte ihre Lieferungen ein.

Während sich bislang der Fortschritt für das ganze Land in Form von gestiegenen Papierpreisen auswirkte, dauert es etwas länger, bis auch die unmittelbaren Nachbarn der Papierfabrik unter der Industrieansiedlung zu leiden haben. Von den Stätten der Produktion sind unmittelbar 500 Quadratkilometer betroffen. Bevor internationale Entwicklungs-Experten den Industriegiganten in das unberührte tropische Ökosystem setzten, lebten in den acht Dörfern am Ufer des Kigogo-Ruaha 10000 Menschen. Im Norden begrenzt ihr Tal das Gebirge von Mufindi, auf dessen Plateau deutsche Auswanderer während der dreißiger Jahre die ersten Parzellen im Regenwald rodeten, um dort Tee zu pflanzen. Heute gehören diese Felder zur Brook Bond Plantage, einer Tochtergesellschaft des Nahrungsmittelriesen Unilever, die

600 Teepflückern Arbeit gibt und für deren Familien Mais und Kartoffeln anpflanzt. Zum Schutz vor Wind und Stürmen, aber auch, um die Feuchtigkeit im Boden zu halten und die Erosion zu verhindern, ließen die Teepflanzer auf ihrer gesamten Anbaufläche netzartig Streifen mit Büschen und größere Areale mit Bäumen stehen. Die Vegetation auf dem niederschlagsreichen Gebirgsplateau war einst ein geschlossener Regenwald und trotz der Ausweitung der Teeplantage gibt es heute in diesem Naturraum noch eine Reihe vom Aussterben bedrohter Tier- und Pflanzenarten. Im Süden öffnet sich das Tal zu einem offenen Grasland, wo Buschfeuer den ehemaligen Wald bereits abgebrannt haben. Wild ist in der Nähe der Siedlungen rar, aber weiter im Süden ziehen Büffel, Löwen, Leoparden, Antilopen und Gazellen über die Grasfluren der Savanne.

Als die Papierfabrik auf dem Reißbrett geplant worden war, war das Tal noch ein unberührter Naturraum, dessen Bewohner nur die Landwirtschaft als Existenzgrundlage kannten. Die Bauern bestellten Felder, die weit auseinander lagen, um die fruchtbarsten Böden der Landschaft zu nutzen. Ihr Leben war hart, doch die magere Erde der Grassavannen brachte ausreichend Mais, Bohnen, Süßkartoffeln und Cassave hervor – genug, um alle Kinder zu ernähren. Drei Jahre kultiviert eine Familie ihre durchschnittlich 2,2 bis 4,8 Hektar großen Äcker, die danach für acht Jahre brach liegen müssen, damit sich die Erde wieder erholen kann.

Als die Regierung beschloß, in diesem abgelegenen Landstrich Tansanias größtes Industrieprojekt in die Steppe zu setzen, sprachen drei Gründe für den Standort: die Nähe zu einer Forstplantage bei Sao Hill, die den Holzbedarf für die Papierproduktion zu decken versprach, der Kigogo-Ruaha, dessen Wasser für die Produktion unentbehrlich war, und der vorhandene Anschluß an die Eisenbahnverbindung von Sambia nach Tansania. Geprüft wurden damals nur die wirtschaftlichen Kriterien, um die Auswirkungen auf die Umwelt machte man sich keine Sorgen. Weder wurden Windrichtungen beobachtet, noch das Grundwasser gemessen oder in irgendeinem Gutachten über die Folgen der Industrieansiedlung nachgedacht. Lediglich die englischen Teepflanzer warnten bereits vor Beginn der Bauarbeiten vor möglichen Konflikten in diesem Naturraum, vor der Gefährdung der Lebensgrundlagen seiner Bewohner: Auf die Qualität der Luft, des Bodens und des

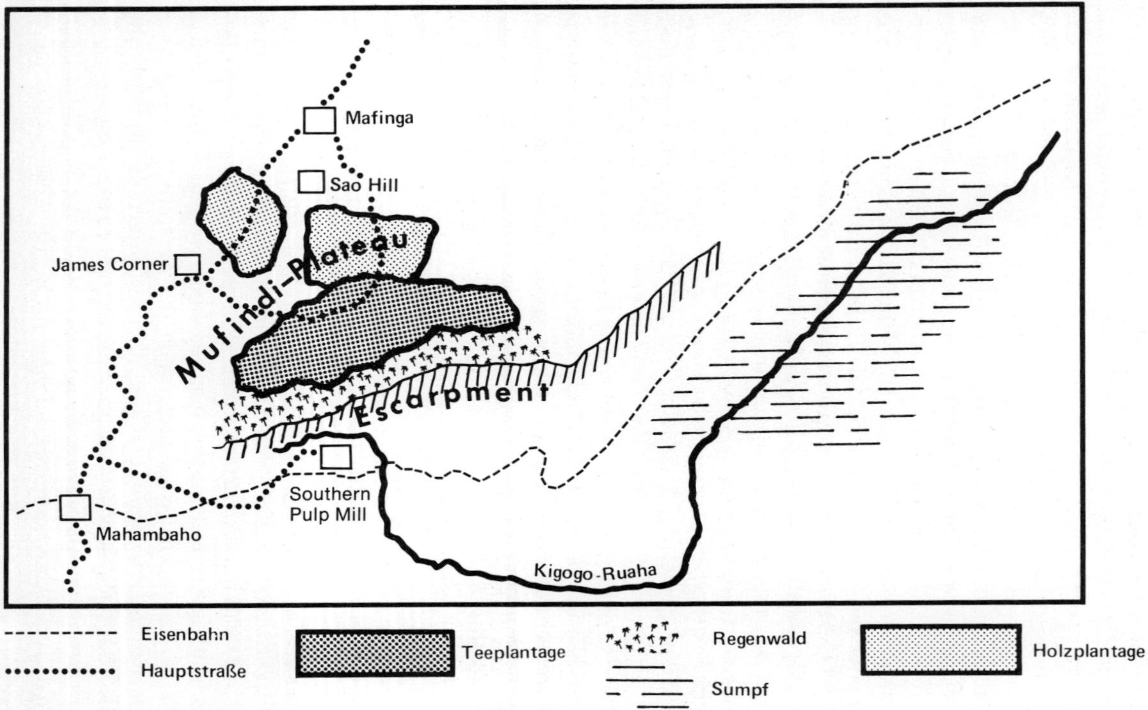

Abbildung 15: Lage der Teeplantage und der Southern Pulp Mill (SPM).

Wassers, so ihre Befürchtungen, werde die Papierproduktion nicht ohne Wirkung bleiben, wobei nicht ein Teilbereich, sondern das ganze Umland leiden werde. So füllen die Bäche aus den umliegenden Bergen den Kigogo-Ruaha, der auch während der Trockenzeit noch genügend Wasser führt. Nach 50 Kilometern mündet der Fluß in den Mnjera-River und strömt weiter über den Rufiji in den Indischen Ozean. Je weiter es stromabwärts geht, desto dichter und größer werden die Siedlungen am Ufer. In dem sauerstoffreichen Wasser leben verschiedene Fischarten, deren jährlicher Nachwuchs zahlreichen Fischern den kommerziellen Fang erlaubt und ihnen damit eine Existenz garantiert. So gehen den Fischern von Kilombero jährlich etwa 5000 Tonnen Fisch in die Netze, wobei Fachleute bei verbesserten Fangmethoden sogar mit einer Ausbeute von 25 000 Tonnen jährlich rechnen.

Der Fluß voller Leben spendet Leben aber auch an seinen Ufern: Aus ihm wird Wasser für die Felder geschöpft und vielen Dörfern, wie Lugema und Makungu, die keine eigenen Quellen besitzen, liefert er das tägliche Trinkwasser.

Seit Oktober 1985 hängt am Oberlauf aber auch die Existenz der Papiermühle vom Wasser des Kigogo-Ruaha ab. Auf der Höhe der Fabrikanlage hat der Fluß eine Breite von 10 und eine Tiefe von 2 Metern. Durchschnittlich fließen 10 Kubikmeter Wasser pro Sekunde vorbei. Diese Menge kann während der Regenzeit auf 200 Kubikmeter ansteigen und während der Trockenzeit auf 1,3 Kubikmeter absinken, reicht aber immer aus, um die Papierproduktion aufrecht zu erhalten und um das neue Arbeiterdorf versorgen zu können. Nachdem das Werk sein Wasser aus dem Fluß gepumpt und für die Papierherstellung eingesetzt hat, fließt dieses als Abwasser der Fabrikanlage über belüftete Absetzbecken und einen 5 Kilometer langen offenen Kanal wieder in den Kigogo-Ruaha zurück. Bei Betriebsstörungen oder einer Überlastung der Absetzbecken, so fürchten Fachleute, wird ab dieser Einleitung die Fischfauna absterben. Doch weit gefährlicher schätzen sie die giftigen Komponenten des Abwassers ein, die ungefiltert und ständig aus den Fabrikkanälen in den Fluß gelangen. Dazu gehören chlorierte Kohlenwasserstoffe und Säuren aus der Papierproduktion, die bereits in geringen Mengen dem Fischfleisch einen Geschmack und einen Geruch geben, der jedem den Appetit verdirbt. Größere Giftkonzentrationen, die sich mit der Zeit in den Fischen absetzen, machen ihren Genuß zu einer gefährlichen

Angelegenheit. Vor allem während der Trockenzeit, wenn der Fluß nicht mehr genügend Wasser führt, um die Giftfrachten zu verdünnen, steigt diese Wasserverschmutzung sprunghaft an und wird bis zum Indischen Ozean durch das Land getragen.

Neben den für die Papierfabrikation typischen Schadstoffen, die über die Abflußrohre aus der Fabrik gespült werden, gelangen weiter Schadstoffe aus den Kaminen des Werkes in die Umwelt. In den Öfen werden jährlich 20000 Tonnen Kohle oder Öl verheizt, wobei Schwefeldioxid und Stickoxide ungefiltert in den Himmel geblasen werden. Während der kühlen Nacht sammeln sich die Rauchfahnen im Talbecken, da von den Berghängen herabströmende Kaltluft den Talraum wie eine Glocke abschließt. Nach Sonnenaufgang, wenn die ersten Strahlen die Luft erwärmen, schieben sich die Emissionen mit der einsetzenden Luftströmung den Berghang hinauf, um sich an dessen Rändern mit Nebel oder Regen zu vermischen, der dann bis zur Mittagszeit auf die dahinterliegenden Teeplantagen fällt.

Diese Teepflanzungen, mit 2500 Hektar die größten im Südwesten Tansanias, liegen im unmittelbaren Abluftbereich der Southern Pulp Mill. Bereits geringe Geschmacksveränderungen beim Tee führen dazu, daß sein Preis auf dem Weltmarkt drastisch sinkt. Betroffen wäre dann Tansania selbst: Denn die Ernte in Mufindi beträgt ein Drittel des Tee-Exportes und bringt damit einen beträchtlichen Teil des ausländischen Deviseneinkommens, auf das der ostafrikanische Staat dringend angewiesen ist. Doch die Tee-Pflanzer von Brook Bond fürchten nicht nur einen Preisverfall, sondern die Einstellung der Tee-Produktion. Bill Congdon hatte einige Teepflanzen an das botanische Institut der Oxford University zu Dr. Michael Kosiol geschickt, einem international anerkannten Experten für die Folgen von Luftbelastungen. Als seine Antwort aus Großbritannien in Mufindi eintraf, sahen sich die Teepflanzer in ihren Befürchtungen bestätigt.

Kosiol hatte nach Angaben der Southern Pulp Mill berechnet, daß die Schwefeldioxid-Emissionen aus dem Werk 414 ppm* betragen. Das ist, im Vergleich zu europäischen Fabriken, nicht viel, doch der Tee ist eine äußerst empfindliche Pflanze. »Wenn

* Fremdstoff-Konzentrationen werden meist in ppm angegeben. ppm: Milligramm pro Kilogramm (mg/kg); 1 ppm bedeutet: ein tausendstel Gramm pro Kilogramm (ppm = Abkürzung für parts per million).

nur ein Prozent der Emissionen ihren Weg zur Plantage finden«, teilte Kosiol Brook Bond mit, »was alleine aus dem säuerlichen Gestank in der Luft zu schließen ist, besteht Gefahr. Denn bereits bei 0,1 Prozent ist die Grenze überschritten, bei der die Blätter die ersten Absterbeerscheinungen zeigen.«

Als Beweis legte Kosiol die Ergebnisse von Begasungsversuchen in Oxford mit Teepflanzen aus Mufindi vor. Nachdem dort am ersten Tag die Teepflanzen eine Stunde lang in einem Glashaus bei vollem Sonnenlicht mit einer Schwefeldioxidkonzentration von 1 ppm eine Stunde lang begast worden waren, einen weiteren Tag Erholung bekamen und am dritten Tag wieder der Menge von 1 ppm Schwefeldioxid ausgesetzt worden waren, wurden die Ränder der Teeblätter braun und starben ab. Junge Pflanzen zeigten die gleichen Symptome, nachdem sie zwei Stunden lang mit der geringen Menge von 0,1 ppm begast worden waren. Allgemein starben die Teeblätter von ihren Rändern her ab, wenn sie mit einer Schwefeldioxid-Konzentration zwischen 0,5 und 0,05 ppm begast wurden, einer Menge, die nach Schätzungen von Fachleuten nur etwa ein Zehntausendstel der Emissionen aus der Southern Pulp Mill entspricht.

Die Weltbank, von den Teepflanzern als Hauptfinanzier der Papiermühle angeschrieben, reagierte angesichts dieser Tatsachen gelassen. Bernard Baratz von dem Weltbank-Büro für Environmental and Scientific affairs antwortete nach Mufindi: »Ich glaube nicht, daß die Pulp Mill ein Problem für die Teepflanzer ist.« Als Begründung führte er an, daß Saurer Regen eine Distanz von Hunderten oder Tausenden von Meilen benötigen würde, um sich zu bilden. Dies sei aber in Mufindi kein Problem, da hier die Entfernung nur sieben Meilen beträgt. Darüber hinaus empfahl Baratz, ein Überwachungssystem zu installieren, um größere Luftbelastungen zu erfassen. Die Kosten dafür sollte selbstverständlich Brook Bond tragen.

Doch nicht nur die direkten Auswirkungen der Luftbelastungen auf die Pflanzen könnte das Ende der Teeplantage bedeuten, sondern auch eine langsame Versauerung des Bodens. Der Tee wächst nur in einer Erde, deren pH-Wert* zwischen 4,5 und 5,5

* Der pH-Wert ist die Maßzahl dafür, ob eine wäßrige Lösung eine Säure, neutral oder eine Lauge (alkalisch) ist. Neutrales Wasser hat einen pH-Wert von 7, saure Lösungen haben einen kleineren, Laugen (alkalische Lösungen) einen größeren pH-Wert als 7.

liegt. In Mufindi wird derzeit ein Wert von durchschnittlich 5 gemessen. Aber niemand kann die Fähigkeit der tropischen Böden beurteilen, den Säureeintrag abzupuffern. Daher ist es möglich, so ein Experte, daß bereits geringe Mengen Sauren Regens genügen, um die übrige Landwirtschaft in diesem Bereich nachhaltig zu gefährden.

Bedroht durch die Emissionen ist auch der Regenwald und es hilft ihm auch nichts, daß er als Schutzgebiet ausgewiesen ist. Hier hat ein breites Artenspektrum von Schlangen und Amphibien, die nur in diesem Gebiet Afrikas vorkommen, ihre letzte Zuflucht gefunden. Wissenschaftler zählten bei einer ersten Bestandsaufnahme über 50 verschiedene Farnarten. Die Zerstörung dieser grünen Oase inmitten einer dürren Steppenlandschaft kann allerdings auch zu einem Eigentor für das Papierwerk werden. Denn die Wälder auf den Bergen gleichen den Wasserhaushalt des Tales aus. Aus ihren Schatten fließt während der trockenen Sommermonate immer noch genügend Wasser in das Tal, so daß der Kigogo-Ruaha nie austrocknet. Während der Regenzeit dämpft er die Kraft der herabstürzenden Niederschläge, indem die Wurzeln des Regenwaldes große Wassermengen aufsaugen und in der Erde speichern. Falls der Regenwald durch den Einfluß der Emissionen absterben sollte, wird sich auch die Wassermenge im Kigogo-Ruaha erheblich verändern, so daß der Verbrauch für die Produktion und für die neu erbaute Arbeiterstadt drastisch eingeschränkt werden muß.

Seit dem Bau der Southern Pulp Mill haben sich aber nicht nur durch den Industriebetrieb, sondern auch durch die notwendige Infrastruktur Veränderungen in der Landschaft ergeben, die einen schweren Eingriff in das Ökosystem bedeuten. Zum einen hat das Papierwerk Tausende von Arbeitern angelockt, die ihre Bauernhöfe aufgaben und nun mit ihren Familien vor die Tore des Werkes zogen. Da nur ein bis zwei Prozent der Flächen um die Dörfer Baumbestand aufweisen, ist Brennholz, der einzige Energie-Rohstoff für die Haushalte, knapp geworden. Die baumlosen Gebiete um die Dörfer dehnen sich durch Feuerholzsammler daher rasch aus. Neue Ortschaften wie Mabaone wurden gegründet und Land für den Bau eines Flugplatzes und zusätzlicher Straßen wird gebraucht. Guter Boden für den Ackerbau wird immer knapper, was zur Konkurrenz zwischen den alteingesessenen Bewohnern und den Neuankömmlingen führt.

Um die Versorgung der Familien zu verbessern, haben viele Arbeiter ihre Viehherden mitgebracht, die nun das Steppengras abweiden. Zusammen mit dem willkürlichen Aufbau der Infrastruktur, der unkontrollierten landwirtschaftlichen Nutzung und der Anlage neuer Felder durch Abbrennen der Savanne hat die Vergrößerung des Viehbestands fatale Konsequenzen: Bereits nach kurzer Zeit zeigt die Erdoberfläche tiefe Wunden der Erosion. An den Hängen riß der Regen Tausende von Kubikmetern Erdreich ins Tal. Schon heute, binnen weniger Jahre nach dem Baubeginn der Southern Pulp Mill, greift die Verwüstung um sich und droht, sich im ganzen Tal auszudehnen.

Die Papiermühle von Mufindi ist ein exemplarischer Fall für die Entwicklungspolitik großer Industrienationen. Im Einverständnis mit der nationalen Regierung wurde eine Fabrik in ein äußerst empfindliches Ökosystem gebaut, wobei nur die wirtschaftlichen Aspekte diskutiert wurden, ökologische und sozioökologische Überlegungen aber unter den Tisch fielen. Die Folge ist ein Konflikt zwischen industriellem Fortschritt und der Ressource Natur und Landschaft. Der Wandel der Umwelt wird aber auch die Lebensweise ihrer Bewohner verändern. Carl Christiansson, Geograph und Afrikakenner an der Universität von Stockholm, beurteilt die Entwicklung so: »Der typische Einwohner wird in ein paar Jahren die Grundlage seiner Existenz total verändert haben. Seine Familie wird die vertraute und relativ sichere Existenz eines Bauern gegen die Abhängigkeit von einem Arbeitsplatz, gegen Bier und Holzkohle eingetauscht haben in einer Umwelt, die sich zunehmend verschlechtert. Tansanias Ziel, auf eigenen Füßen zu stehen, hat seinen Preis, und der bedeutet die Aufgabe der Eigenverantwortlichkeit und die Einschränkung der Möglichkeiten für die Zukunft.«

Rinder – in Afrika exotisch

Am 16. August 1973 schickte die Nachrichtenagentur Associated Press über ihren Fernschreiber in Rom an alle Fernsehanstalten und Tageszeitungen eine Meldung, von deren Bedeutung in den reichen Industrieländern sich die wenigsten zunächst eine Vorstellung machen konnten: »Im zentralafrikanischen Staat Tschad sind rund 100000 Menschen durch die langanhaltende Dürre vom Hungertod bedroht. Das hat die Organisation für Ernährung und Landwirtschaft der Vereinten Nationen (FAO) in Rom mitgeteilt. Am schwersten betroffen sei das Gebiet von Salamat, wo die Lage so verzweifelt sei, daß sich die Menschen von Blättern und Wurzeln ernähren müssen. Schwere Unwetter hätten das Gebiet von der Außenwelt abgeschnitten. Die FAO kündigte an, daß am Freitag mit einem norwegischen Charterflugzeug über dem Gebiet von Salamat Getreide und Säuglingsnahrung abgeworfen wird.«

Ein einziges Charterflugzeug für 100000 Menschen? Erst Hintergrundberichte und Reportagen aus dem Katastrophengebiet setzten einen Strom von Hilfsgütern in Richtung Afrika in Bewegung.

Am 15. September 1973 berichtet H. Kaufmann in der ›Frankfurter Allgemeinen Zeitung‹: »An diesem Montag werden in einem Lagerschuppen in Tahua Rationen an Nomaden und an die mittellose städtische Bevölkerung ausgegeben. Gegen acht Uhr haben sich auf dem Lehmhof etwa tausend Personen angesammelt. Sie erhalten laufend Zuzug. Die Menschenmasse schiebt sich auf eine Wand von Säcken zu, auf denen aufgedruckt ist: ›Magermilchpulver, im Sprühverfahren hergestellt. Nettogewicht 25 Kilo, 1972.‹ Die Leute können den Text nicht lesen, aber sie sehen den Berg von Milchpulver auf dem grünen Segeltuch, kontrolliert von einem Schreiber, bewacht von einem Sergeant und einigen Aufpassern. Über einem Durchlaß in der Sackmauer steht breitbeinig wie der Koloß von Rhodos ein kräftiger junger Mann. Durch seine Beine bewegt sich die Menge. Legt er sich quer, hält sie an. ›Kai!‹ rufen die Wächter, und das meint soviel wie ›He! Lauf! Komm! Achtung! Scher dich fort!‹ Die Empfangsberechtigten aus Tahua sind bekannt und werden namentlich in einem Schulheft vermerkt. Die Nomaden hingegen werden in kleinen Gruppen an den Milchberg herangelassen. Sie kommen und gehen anonym, aber sie dürfen den Lehmhof nicht verlassen, bis die Zuteilung beendet ist.

Jeder erhält einen Becher voll des weißlichen Zeugs. Ein kleines nacktes Mädchen klatscht begeistert in die Hände, als es den Berg sieht. Die Mutter füllt das Pulver in ihr aufgebundenes Kopftuch, das Kind leckt sich die Fingerchen ab. Sich am Rocksaum festhaltend, zieht es davon. Die Luft ist zum Ersticken gefüllt mit Staub und Schweißgeruch. Der Stimmenlärm macht jede Unterhaltung unmöglich. Abgefüllt wird in Taschentücher, Kopftücher, Turbane, Emailletöpfe, Blechdosen, Kalebassen, Mützen, Säcke, Bubus, Zeitungsfetzen, Waschschüsseln, Handtücher, Übergewänder, Röcke, Autoschläuche, Plastiktüten.

Kinder reiten auf den Hüften ihrer Mütter und Großmütter. Blinde tasten sich am Stock heran. Männer stoßen Frauen zurück. Ein Tuareg kriegt einen Wutanfall: Man weiß nicht warum. Rippenstöße werden verteilt, kleine Burschen geohrfeigt. Nur der Sergeant sitzt fest und schwitzend in dem Aufruhr wie ein schwarzer Milchpulverschneemann. Vier Stunden dauert die Schlacht um den immer wieder nachwachsenden weißen Berg. Dann hat jeder seinen Teil erhalten. Die auf dem Hof Zurückgehaltenen dürfen in ihre Zelte zurückkehren. Ein weiterer Tag des Überlebens ist gewonnen.«

Gleichsam über Nacht kam die Katastrophe in das Bewußtsein der Europäer, in Afrika jedoch kündigte sie sich schon länger an. In Mauretanien führten viele Bewohner das Ausbleiben des Sommerregens auf metaphysische Ursachen zurück. Ein Marabu versicherte, daß die jahrelange Dürre eine Strafe Gottes sei, die sich die Mauretanier, vor allem die Jugendlichen, durch Übernahme westlicher Sitten und einen gottlosen Lebenswandel zugezogen hätten. Auf dem internationalen Afrikaforum berichtet Walter Reicholt, daß zahlreiche weiße und schwarze Einwohner Nemas hartnäckig an dem Gerücht festhalten, die Dürre ginge auf die zauberkräftigen Praktiken der chinesischen Entwicklungshelfer zurück. Das Mißtrauen der Einheimischen richtete sich jedoch nicht nur gegen die Chinesen, sondern gegen alle Außenseiter schlechthin. So ging auch das Gerücht um, daß die meisten aus Mali kommenden Lkw-Fahrer Zauberer seien, vor denen man sich hüten müsse.

Doch die Katastrophe kam nicht aus einem plötzlichen Ereignis, als Resultat von Magie und Zauberei oder als Strafe für die Gottlosigkeit, sondern bereits lange zuvor warnte die Natur mit deutlichen Zeichen vor der kommenden Katastrophe. Erste Hinweise kamen aus der Vogelwelt: In den letzten Jahren vor der Hungerkatastrophe, als die Niederschläge nachließen, blieben einige Arten einfach aus, beispielsweise die Blauracke in Kenia. Andere Zugvögel, wie die Turteltaube, die sonst im Sahel und im Nordsudan überwintert, zogen 1964 und 1973 weiter südwärts als üblich. Auch afrikanische Arten, die sonst nur im Sahel und im Nordsudan vorkommen, drangen in den letzten Trockenjahren immer weiter nach Süden vor, beispielsweise der Bandfink, der Blaunackenmausvogel und der Glanzstar. Umgekehrt konnten keine südlichen Brutvögel nördlich beobachtet werden. Diese Veränderungen in der Vogelwelt des westlichen Sudan hatte in der durch Trockenheit verarmten Vegetation eine Parallele.

Über die Ursachen der Katastrophe in der Sahel-Zone gingen jedoch die Meinungen in der Fachwelt ebenso auseinander wie bei den Hilfsorganisationen die Antworten auf die Frage, wie die

Not dauerhaft und langfristig überwunden werden könne. Für die Beobachter an Ort und Stelle war es offensichtlich, daß die lang anhaltende Dürre sowohl durch Klimaverschiebungen verursacht worden, aber auch der Mensch selbst dafür verantwortlich sei. Zu große Viehherden hatten die mageren, empfindlichen Steppen und Savannen überweidet und es dem kargen Boden nicht erlaubt, sich mit einer nachwachsenden Grasschicht vor Wind und Sonne zu schützen. Einen weiteren Grund sahen sie im Abbrennen von Bäumen und Buschwerk, um Raum für neue Felder zu schaffen, oder im Abholzen, um genügend Brennmaterial zu bekommen. Auch die Wasserlöcher, die planlos immer bis zum letzten Tropfen ausgeschöpft wurden, versiegten langsam.

Daß diese Faktoren langsam aber sicher zur Zerstörung des Ökosystems Savanne führen mußten, darüber sind sich Experten einig. Über die Frage jedoch, welches Gewicht sie den einzelnen Faktoren beizumessen haben oder was die Hauptursache sei, darüber gehen die Ansichten auseinander. Ein Teil der Wissenschaftler vertritt die Auffassung, daß es keine generelle Tendenz zur Austrocknung der Sahel-Zone gäbe. Bereits in der Vergangenheit seien länger anhaltende Dürreperioden zu beobachten gewesen, die stets von regenreichen Jahren wieder abgelöst worden seien. Für andere Experten ist ein grundlegender Klimaumschwung in den letzten Jahren für die verringerte Niederschlagsmenge verantwortlich. Amerikanische Wissenschaftler fanden heraus, daß zwischen 1969 und 1974 die Wüste 60 Kilometer nach Süden gewandert ist, jeden Monat einen Kilometer!

Der Streit der Experten um die genauen Ursachen der Katastrophe im Sahel dauert bis heute an, wie auch der Vormarsch der Wüste nach Süden. Unbestritten jedoch ist, daß verschiedene Faktoren zusammengewirkt und das Ökosystem Savanne, die Lebensgrundlage der Nomaden, zerstört haben. Erste Hinweise auf eine vergleichbare Entwicklung gibt es bereits auch in Tansania, wo die Massai mit ihren riesigen Viehherden durch die Landschaft ziehen und eine Spur der Verwüstung zurücklassen. Im Norden des Landes wurden in den letzten Jahren bereits an einigen Orten die Viehmärkte für die Wanderhirten geschlossen, um sie weiter in den Süden abzudrängen, wo noch größere Savannen den Rinderherden Nahrung geben. Alles, was den Massai in diesem Jahrhundert bislang verkauft oder geschenkt worden war, hat ihre Lebenssituation nachhaltig verschlechtert. Zum einen ist beispielsweise dafür der europäische Missionsdrang verantwortlich, der die »heidnischen Wanderhirten« seßhaft machen wollte. Wo es einzelne Wasserstellen gab, ließen sich auch die Priester nieder und bauten ihre Missionsstationen und entwickelten seit dem 19. Jahrhundert eine Infrastruktur mit Schule und Kirche. Aus Nomaden wurden im Laufe der Zeit Siedler mit reichlichem Nachwuchs, den die karge Natur nach einem systematischen Raubbau heute häufig kaum mehr ernähren kann: Die Zerstörung der Existenzgrundlage ist vorprogrammiert. Häufig sind weite Flächen um diese Dörfer total abgegrast, in Herden erobert das Rind zunehmend den inneren Teil des afrikanischen Kontinents.

Hunger, so kann man im Hinblick auf die in Afrika gesammelten Erfahrungen behaupten, ist durchaus eine Folge moderner Entwicklungspolitik mit Rindern. Von den Küsten aus, wo die ersten Missionare aus der europäischen Heimat das Rind mitbrachten, wanderten die Herden immer weiter in das Landesinnere, zerstörten die traditionelle Fernweidewirtschaft der Nomaden und verdrängten angepaßte Tierarten wie die Kamele. Zu den Rinderherden gesellten sich die Schafe und Ziegen, die das Zerstörungswerk vollenden.

Wie die großen Wildtierherden heute, so folgten einst die Wanderhirten mit ihren Familien auf Kamelen zusammen mit Kühen, Schafen und Ziegen dem Regen in den Savannen. Solange die Herden klein waren, hatte die Natur noch eine Chance: Das Gras reichte für alle. Über diese Abhängigkeit waren sich die Nomaden im klaren. Eine Familie brauchte durchschnittlich etwa 200 Schafe und Ziegen, 35 Kühe und 20 Kamele, um existieren zu können. Dauerte eine Trockenzeit drei Jahre, mußte die Herde doppelt so groß sein. Für die Kamele konnten die Nomaden riesige, von den Tränken weit entfernte Weideflächen erschließen. In einem halben Tag läßt sich ein Nomadendorf auf den Rücken der Transportkamele verfrachten, welche auch das Wasser zu den Herden schleppen und auf dem Rückweg Milch und Feuerholz in das Dorf bringen. Kamele liefern zugleich sechsmal mehr Milch als Kühe, wofür sie gerade eineinhalbmal so viel Biomasse in Form von Gras verbrauchen. Die Größe der Herden regelte auch das Wachstum der einzelnen Stämme: Junge Männer heirateten erst dann, wenn die Herde des Vaters geteilt werden konnte und eine zusätzliche Familie ernährt hat.

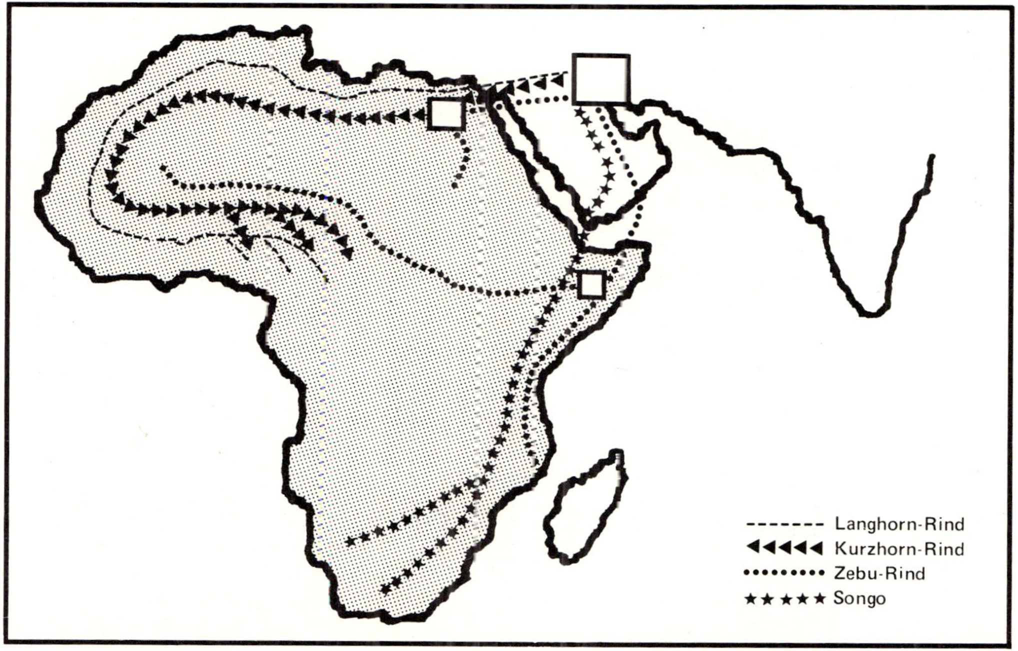

Abbildung 16: Das Vordringen der Rinder auf das Innere des afrikanischen Kontinents im Laufe der letzten Jahrhunderte.

Die Bevölkerung konnte so nicht schneller als der Viehbestand wachsen. Eine Rinderherde braucht in fetten Zeiten 5 Jahre, um sich zu verdoppeln. Kamele benötigen dazu 10 Jahre. Daher hat die Entwicklungspolitik Afrikas auf die Rinderherden, den Milch- und Fleischlieferanten der Industrienationen, gesetzt. Die langsame, aber tödliche Folge: Als Konkurrenz verdrängen die Rinder die einheimischen Pflanzenfresser und zerstören die Savannen und damit den Regelkreislauf der Populationsdichten. Wo die Rinderherden grasen, ist der Boden blank, denn die Tiere schneiden das Gras nicht mit ihren Zähnen, sondern reißen es mitsamt den Wurzeln heraus. Im Gegensatz dazu beißt das Wildtier die Halme ab, so daß die Wurzeln und damit die regenerierbaren Pflanzenteile erhalten bleiben und das Gras nach der nächsten Regenzeit wieder nachwächst. Das anspruchslose Schaf frißt alles, was die Rinder übrig lassen, bis auf den Erdboden ab, vor allem aber auch Hartgräser, die von allen anderen Tierarten verschmäht werden. Die Ziege vollendet dann den Kahlschlag an den Weiden. Wo die großen Rinderherden der Massai daher für längere Zeit auftauchen, verwandelt sich die üppige Baum- und Strauchsavanne in eine wüstenartige Steppe.

Insgesamt zählen nach den letzten Schätzungen aus dem Jahre 1983 die Viehherden Tansanias 13,5 Millionen Rinder, 10 Millionen Schafe und Ziegen, 15 000 Esel und 22 Millionen Hühner und Enten. Über 99 Prozent aller Rinder, Ziegen und Schafe werden von kleinen Bauern und Viehzüchtern auf dem Land gehalten. Sie beweiden nach FAO-Statistiken zur Zeit rund 35 Millionen Hektar Grünland; auf diesem hatten sich die Herden ständig vergrößert, und es gibt keine Anzeichen dafür, daß dieser Trend gestoppt wird. Heute grasen bereits 60 Prozent aller Rinder, Schafe und Ziegen auf 10 Prozent der Landfläche, und im Rahmen von Entwicklungsprojekten werden diese Herden kontinuierlich vergrößert.

Es gibt nur wenige Staatsfarmen – vor allem in Nord- und Zentraltansania, in den Seengebieten und im südlichen Hochland – wo Viehzucht in großem Rahmen betrieben wird. Fehlendes Wissen, der Mangel an Fachleuten, an effektivem Management und vor allem Viehseuchen dezimieren jedoch die Bestände. Bereits heute zeigt die Konzentration dieser Rinderherden, daß aufgrund des Weide- und Wassermangels zum einen der Ertrag sehr gering ist, aber auch in der Folge die grasenden Herden für ernste Erosionsprobleme verantwortlich sind.

Dennoch sind Experten der Entwicklungshilfe davon überzeugt, daß ein Großteil des benötigten Eiweiß-Bedarfs mit Hilfe von Rinderherden erzeugt werden kann. Ihrer Auffassung nach liefern die Savannen mit den teilweise mehrere Meter hohen Grasfluren aus großenteils hochwertigen, gut verdaulichen Pflanzen, ein enormes futterwirtschaftliches Potential. Die systematische Ausnutzung dieser Futterschätze stellt jedoch fast immer die letzte Etappe in der landwirtschaftlichen Entwicklung dar. Sie kommt dort zum Einsatz, wo ackerbauliche Techniken entweder ein hohes Niveau erreicht haben oder aufgrund der mageren Böden und fehlenden Wasservorräte nicht möglich sind. Heute ist diese Entwicklung in Tansania durchaus vergleichbar mit der in der Prärie des Mittelwestens in Nordamerika, wo zunächst Büffelherden ausgerottet wurden, um das Land für den Ackerbau zu nutzen. Infolge veränderter Ernährungsansprüche, vor allem aber wegen der Erosionsschäden und der Ausweitung der Felder auf nicht ackerfähige Böden wurde langsam zur systematischen Fleischerzeugung übergegangen, und es hat sich eine Farmwirtschaft im größten Stil entwickelt. Doch im Gegensatz zu Nordamerika verhindern in den weiten afrikanischen Savannengebieten Viehseuchen und vor allem natürliche Feinde die weiträumige Nutzung dieser Futterreserven und damit den Vormarsch der Herden auf das Innere des afrikanischen Kontinents.

Zu den natürlichen Feinden der Rinder gehört beispielsweise die Tsetsefliege. Mit Milliardenbeträgen im Rahmen der Entwicklungshilfe versuchen die Industrienationen, diese Insektenart auszurotten. Betroffen sind davon Gebiete mit Regenwald und Savannen. Die Tsetsefliege, die einen Parasiten überträgt, der den Menschen mit der Schlafkrankheit infiziert und für Rinder den Tod bedeutet, ist nach Ansicht vieler Europäer ein Hindernis vor dem Ziel, den Kontinent zu entwickeln. Mit der chemischen Keule wird systematisch gegen die Tsetsefliege vorgegangen. Einer der Hauptlieferanten des Insektizids, die Frankfurter Hoechst AG, warnt vor dem Gifteinsatz vor allem in der Nähe von Flüssen, Sümpfen und Seen. Untersuchungen im Okavango-Delta in Botswana haben gezeigt, daß nicht nur die Tsetsefliege, sondern auch 70 Prozent der einjährigen Fische dem Chemieeinsatz zum Opfer gefallen waren.

In der Geschichte Tansanias gab es zwischen den viehzüchtenden, nomadisierenden Stämmen einerseits und den durch Hungersnöte, Kämpfe, Sklaverei und Seuchen immer wieder dezimierten Ackerbau-Stämmen andererseits ein gewisses Gleichgewicht, das erst in der Kolonialzeit nachhaltig gestört worden ist. Heute scheint dieser Zustand unter dem Einfluß der planmäßigen Entwicklung, vor allem aber durch den hohen Bevölkerungsdruck endgültig aus dem Gleichgewicht zu kommen. Immer stärker werden die ursprünglich für die Viehhaltung vorbehaltenen Flächen für den Ackerbau in Anspruch genommen. Auf der anderen Seite vergrößern sich die Viehbestände kontinuierlich, wobei es häufig nicht nur alleine um das Produktionspotential geht, sondern auch noch soziale Funktionen und Statusdenken für die Haltung der Herden entscheidend ist.

Wachsende Herden und knapper werdendes Weideland auf der einen Seite führen zum Konflikt mit den Landwirten auf der anderen Seite, deren Äcker sich immer weiter in die Grassavannen hineinschieben. Die Expansion der Landwirtschaft und die Verringerung des Weidelandes führt zwangsläufig zu einem ökologischen Desaster: Dort, wo heute noch Rinderherden grasen können, erhöht sich die Besatzdichte, was unvermeidlich zu nachhaltigen Erosionsschäden sowie zur Versteppung der Savannen führt und gleichzeitig die Leistungsfähigkeit der Viehwirtschaft einschränkt. Zusammen mit der Bevölkerungsvermehrung resultiert hieraus eine deutliche Störung des Gleichgewichts zwischen dem Menschen und seiner Landschaft, in der er lebt.

Ressourcenmangel – die programmierte Katastrophe durch intensive Nutzung

Die Wälder werden verheizt

Westlich der Stadt Iringa führt durch kaum mannshohes Buschwerk ein Feldweg. Es ist die einzige Verkehrsverbindung zwischen den Siedlungen. Am Rande der von Schlaglöchern übersäten Straße tauchen immer wieder Felder auf, von hohem Gras eingekreist. Sie gleichen größeren Gartenbeeten, auf denen Kinder mit einer Hacke Furchen in die trockene Erde ziehen. Jeweils nach einigen Kilometern steht ein großer Bauernhof, eine Tabakfarm, umgeben von riesigen Brennholzstapeln, mit deren Feuer die Tabakblätter getrocknet werden. In einem breiten Streifen entlang der Straße haben die Menschen ihre Felder angelegt und Häuser gebaut. Nach den letzten Lehmhütten beginnt dann der »Wald«. Vor Jahrzehnten war hier noch ein dicht geschlossener Forst, jetzt gibt es nur noch Einzelbäume und Buschwerk. Alle Stämme, die über eine Handspanne Durchmesser hatten, sind einen Meter über dem Boden mit der Axt abgeschlagen. Auf der braunen Erde verstreut liegen graue, dünne Äste: die vertrockneten Kronen. In Abständen von wenigen hundert Metern verrät ein großer, schwarzer Aschekreis die Arbeit eines Köhlers. Dazwischen stehen meterhohe Stapel aus rotem Holz, die zum Trocknen aufgeschichtet wurden. Auf den zahlreichen Baumstümpfen scheint ein Blumenstock mit herabhängenden Blättern zu stehen: der Wille zum Überleben hat den Stamm, nachdem er einfach gekappt worden war, noch einmal austreiben lassen. Von weitem betrachtet steht man vor einem grünen Waldrand, doch je näher man auf ihn zugeht, um so weiter schiebt er sich nach hinten. Dies ist ein Forst ohne Zukunft: Der Nachwuchs ist verkrüppelt, die Eltern sind kastriert.

Der Bedarf an Holz zum Trocknen der Tabakernte, aber auch zum täglichen Kochen in den Familien, ist in Tansania enorm. Zum Holz und zur Holzkohle gibt es keine Alternative. Schonungslos werden daher die vorhandenen Wälder geplündert, auch wenn jede Familie immer länger und weiter gehen muß, um ihren täglichen Energiebedarf zu sammeln. Offiziell sind knapp 45 Prozent der Gesamtfläche Tansanias, etwa 40 Millionen Hektar, zumindest auf den Karten, als Waldfläche ausgewiesen. Doch von den geschlossenen, ursprünglichen Waldflächen sind nach Schätzungen der Forstleute nur 22 Prozent kommerziell nutzbar.

Ein Drittel, 13,5 Millionen Hektar, haben die Behörden als Waldschutzgebiete eingestuft. Auf 900000 Hektar sind aber bis heute jene Waldflächen zusammengeschrumpft, in denen noch die Vegetationszusammensetzung weitgehend ihren ursprünglichen Charakter hat. Auf 70000 Hektar großen Plantagen experimentiert die moderne Forstwirtschaft mit schnellwachsenden Weichholzarten. Gut die Hälfte dieser Aufforstungen liegen bei Sao Hill in der Iringa-Region, wo die Norweger im Rahmen der Entwicklungshilfe ein Sägewerk errichtet haben, und ein internationales Bankenkonsortium ein Papierwerk in die unberührte Landschaft gestellt hat, die zu den Hauptabnehmern zählen. 1982 wurden in den Forstbeständen Tansanias insgesamt 38 Millionen Kubikmeter Holz eingeschlagen, sowohl in den amtlich geschützten als auch in den jedermann zugänglichen Beständen. Zwar gibt es noch keine verläßlichen Zahlen über den jährlichen Holzzuwachs, doch anhand der verschiedenen Waldarten läßt sich grob errechnen, daß jährlich nur 19 Millionen Kubikmeter Feuerholz und 6 Millionen Kubikmeter Industrieholz in den

Wäldern nachwachsen. Der Unterschied zwischen dem jährlichen Zuwachs und dem Holzverbrauch läßt sich auch als Fläche ausdrücken: Um 370000 Hektar schrumpft gegenwärtig die gesamte Waldfläche Tansanias pro Jahr. Bereits 1982 erklärte die Forstabteilung des Landwirtschaftsministeriums in Tansania, daß in 15 von 20 Regionen des Landes Mangel an Feuerholz besteht. Dabei ist den Behörden dieser Mißstand seit 1975 bekannt. Seit diesem Zeitpunkt wurden verstärkt Aufforstungsprogramme in Form von Selbsthilfemaßnahmen gefordert. Beteiligen sollten sich daran alle 8000 Siedlungen des Landes und die über 2,5 Millionen Haushalte. Ende 1982, so schätzten die Fachleute, wurden insgesamt 59600 Hektar Wald im Rahmen dieses Programmes neu angelegt. Dies ist eine stolze Bilanz, die aber kaum mit der Realität übereinstimmen dürfte. Denn die Grundlage dieser Zahlen sind keine Felduntersuchungen, sondern sie stützen sich dabei vielmehr auf Berechnungen anhand der Verteilung von kostenlosen Setzlingen. Wie viele davon wirklich aufgegangen sind und schließlich auch zu einem Baum heranwachsen konnten, ist bis heute offen. Auch der Fünfjahresplan zur Aufforstung für die Zeit von 1982 bis 1987 sieht die Anlage von 107600 Hektar neuen Waldes vor, durchschnittlich 20000 Hektar pro Jahr. Um dieses Ziel jedoch zu erreichen, müssen ungewöhnliche Anstrengungen unternommen werden. Doch der Bedarf wird damit noch lange nicht gedeckt sein. Die geplanten Aufforstungen würden nur ein Zehntel jener Holzmenge liefern, die in dieser Zeit alleine als Feuerholz im Lande gebraucht werden. Denn immerhin stammt 90 Prozent der Energie, die in Tansania verbraucht wird, aus Holz.

Doch mit dem stetigen Verlust von Wäldern wird nicht nur eine der wichtigsten Ressourcen Tansanias ersatzlos ausgebeutet, was über kurz oder lang auch die Holzindustrie in die wirtschaftliche Talfahrt reißen wird, sondern der Rückgang der Wälder fordert auch seinen Preis im Naturhaushalt. Wo die Wurzeln der Bäume nicht mehr das Wasser der sintflutartigen tropischen Regenfälle aufsaugen können, und wo das Laub der dichten Kronen den Boden nicht mehr vor dem Austrocknen durch sengende Sonnenstrahlen bewahren kann, verliert die Erde an Stabilität und Fruchtbarkeit. Humusabbau und Bodenerosion infolge der Waldverluste hat bereits an zahlreichen Orten die Landschaft zum Ödland werden lassen. An anderen Plätzen ist es nur noch eine Frage der Zeit, bis Sand und Stein die Existenzgrundlage für Tiere und Menschen rauben und beide zum Fortzug zwingen.

Die restlichen, kargen und nicht als Forstwirtschaftsflächen ausgewiesenen Wälder gehören zur Miombo-Vegetation, die sich durch langsames Wachstum auszeichnet und deren verstreute Baum-Bestände den Einschlag und damit die kommerzielle Nutzung nahezu unmöglich machen. Für die Bevölkerung ist der Miombo dagegen noch die einzige nutzbare Holzquelle: Von den Aufforstungen profitiert in erster Linie die Industrie, während die Einheimischen weiterhin ihr Feuer- und Bauholz aus den geschützten Waldgebieten holen müssen oder gezwungen sind, es sich mühsam auf den Miomboflächen zusammenzusuchen. Aber nicht nur ihr Energiebedarf zerstört die restlichen Wälder in Tansania, sondern ihre Landwirtschaftsmethode mit dem Wanderfeldbau frißt jährlich neue Löcher in die Waldbestände.

Mit dem Feuer schafft jedes Dorf sein neues Ackerland ohne Rücksicht auf den Baumbestand. Verkohlte Baumstümpfe und Aschefelder zeigen zu Beginn einer jeden Regenzeit jene Äcker an, die neu in die Landschaft gebrannt worden waren.

1897, nachdem die Deutschen Tansania zu ihrer Kolonie gemacht hatten, wurden die ersten forstlichen Entwicklungsprogramme im Land aufgestellt. Schwerpunkt dabei war der Schutz und Erhalt der natürlichen Wälder mit dem Ziel, zum einen die Wasserversorgung zu sichern und zum anderen die Produktion von Bauholz zu garantieren. Bis 1914 wurden 231 Forstgebiete mit einer Fläche von über 750000 Hektar ausgewiesen. Die meisten der Bergwälder in der Iringa-Region standen ab dieser Zeit unter forstlicher Aufsicht.

Während der deutschen Kolonialzeit wurde in Iringa keine Sägemühle gebaut, die Holz aus den Bergwäldern verarbeiten hätte können. Der Grund dafür ist nicht so sehr in Naturschutzbestrebungen zu suchen, sondern eher in dem Problem, das Holz für den Export in die Häfen zu bringen. Die Briten übernahmen die Ziele der deutschen Forstpolitik, als sie 1920 die deutsche Kolonialmacht ablösten und sie als Siegermacht des Ersten Weltkriegs die Verwaltung in Tansania in die Hand nahmen. Am Ende der britischen Amtszeit waren 13000000 Hektar Wald als Forstschutzgebiet ausgewiesen. Doch die Briten bemühten sich nicht nur, Wald zu erhalten, sondern begannen auch mit den ersten systematischen Aufforstungen, um den Bedarf an Feuer-, Bau- und Industrieholz zu sichern. Große Projekte begannen in den fünfziger Jahren in Mufindi, wo heute mit 35000 Hektar schnell wachsender Föhren, Eukalyptus und Zypressen die größte künstliche Aufforstung in der Iringa-Region ist.

Wie überall in Tansania, so sind auch heute in Iringa die meisten Versuche, den Wald vor weiterem Raubbau zu schützen, wenig erfolgreich. Verantwortlich dafür ist das System der Forstwirtschaft an sich. Danach kann jede Familie eine Lizenz für potentielles Waldland in der Größenordnung zwischen 2 und 5 Hektar erwerben. Nachdem jedoch die Bauern darauf die Bäume eingeschlagen haben, wird das Land für den Ackerbau abgebrannt. Für drei bis vier Jahre erlaubt die Erde den Anbau von Mais, Bohnen und Süßkartoffeln, dann ist der Boden wieder so erschöpft, daß neue Felder nötig sind. Alle Versuche, diese Flächen mit jungen Bäumen wieder aufzuforsten, sind bislang am Widerstand der Landwirte gescheitert. Sie brauchen den Ackerboden dringender.

Der genaue Bedarf an Feuerholz alleine für die Iringa-Region ist nicht bekannt. Experten gehen von einem durchschnittlichen jährlichen Verbrauch von drei Kubikmetern pro Person aus. Danach gehen 90 Prozent des Holzeinschlags für die Energieerzeugung in die Haushalte. Da der natürliche Wald in Tansania nur einen jährlichen Zuwachs von durchschnittlich einem Kubikmeter pro Hektar hat, wäre eine Waldfläche von 2,7 Millionen Hektar erforderlich gewesen, um nur im Jahr 1986 den Bedarf an Feuerholz in der Iringa-Region zu decken.

Im Jahre 2000 werden in dieser Region 1,8 Millionen Menschen auf Feuerholz angewiesen sein. Sie verbrauchen einen Holzvorrat, der jedoch nur auf einer Fläche von 4,9 Millionen Hektar unzerstörten Waldlandes nachwachsen kann. Dagegen gehen die Behörden in Tansania von einem geringeren Holzbedarf aus: Sie glauben, daß in der Iringa-Region »nur« 2,1 Millionen Kubikmeter Holz pro Jahr verbraucht werden. Der offiziell in den Statistiken aufgeführte Einschlag beträgt dagegen 1,482 Millionen Kubikmeter jährlich. Das bedeutet aber immerhin, daß eine Nachfrage von 600000 Kubikmetern Feuerholz bereits heute nicht mehr befriedigt werden kann, beziehungsweise daß dieses Holz aus anderen Regionen importiert werden muß. Doch wahrscheinlicher ist, daß dieser Engpaß durch illegalen

Einschlag wieder ausgeglichen wird. Alles andere als rosig sind in der Region dabei die Perspektiven für die Zukunft: Legt man für eine Berechnung die Flächenstatistik zugrunde, so sind nahezu 3 Millionen Hektar in Iringa bewaldet. Der jährliche Zuwachs an Holz beträgt in diesen Waldgebieten aber nicht mehr als 0,8 Kubikmeter pro Jahr. Zieht man davon die 350 000 Hektar Schutzgebiete ab, bleiben 2,65 Millionen Hektar Wald übrig, in denen jährlich insgesamt 2,12 Millionen Kubikmeter Holz produziert werden. Wegen der Transportprobleme können aber nur 50 Prozent ökonomisch sinnvoll gewonnen werden. Wächst die Bevölkerung in dem Tempo wie bisher weiter und bleibt das Feuerholz die Hauptenergiequelle der Menschen, so werden im Jahre 2000 in der Iringa-Region 2,7 Millionen Kubikmeter Feuerholz fehlen. Mit Forstplantagen, deren Zuwachs jährlich 10 Kubikmeter beträgt, könnte auf einer Fläche von 274 000 Hektar das Defizit bis zum Jahr 2000 ausgeglichen werden. Dies könnte aber nur erreicht werden, wenn jede Person in den nächsten zehn Jahren ein Zehntel Hektar mit schnell wachsenden Bäumen aufforsten würde. Doch mit den gegenwärtigen Aufforstungsprogrammen werden in der Iringa-Region jährlich nur 3000 Hektar Wald neu geschaffen, was nur ein Bruchteil der erforderlichen Menge ist. Der Bedarf an Holz ist größer, als die Natur zu liefern imstande ist.

Die Böden sind ausgelaugt

Zehn Meilen nördlich von Iringa, entlang der Straße nach Dodoma, erstreckt sich die ehemalige Maiskammer Tansanias: Ismani. Auf knapp 800 Quadratkilometern reiht sich hier ein Acker neben den anderen. Dieser Landesteil war einst wegen seiner Fruchtbarkeit nicht nur für die Iringa-Region von Bedeutung, sondern wurde auch von der Regierung in Dar es Salaam als Parade- und Modellbeispiel einer positiven landwirtschaftlichen Entwicklung begriffen und auch dementsprechend mit Kapital und Technik gefördert. Das Klima in Ismani, das zwischen dem hochgelegenen Dabaga und dem tiefer liegenden Pangwa liegt, entspricht dem Klima tropischer Savannen mit hohen Temperaturen während der Trockenzeit und Regenfällen von Ende November bis Anfang Mai mit einer Regenmenge zwischen 650 und 750 Millimeter pro Jahr. Sonnenblumen, Bohnen, Cassave und Erdnüsse werden auf den Feldern angebaut, doch Mais ist die Hauptfrucht und bedeckt über 80 Prozent der Äcker.

Vor 80 Jahren war Ismani noch dünn besiedelt. Die Wahehe kultivierten in verstreuten Siedlungen das Land. Bis in die fünfziger Jahre beherrschten der Busch und wilde Tiere wie Elefanten, Löwen, Giraffen und Antilopen den Naturraum. Der Mangel an Wasser – es gibt weder große Flüsse noch bedeutende Quellen – war einer der Hauptgründe, die in diesem Gebiet eine intensive Nutzung des Bodens nicht erlaubten, und es den Dörfern unmöglich machte, größere Viehherden zu halten. Darüber hinaus waren umherstreunende Wildtiere eine Gefahr, so daß eine weitere Ausdehnung der Siedlungen mit einem Risiko verbunden war.

Erst nach dem Zweiten Weltkrieg, als sich in Afrika zunehmend die Idee verbreitete, mit der Landwirtschaft auch Geld zu verdienen, änderte sich diese Situation grundlegend. Nach Ismani kamen Minenarbeiter, Geschäftsleute und Emigranten, die sich Geld zusammengespart hatten, um davon Land zu kaufen. Der Staat unterstützte die Ansiedlung durch den Bau von Brunnen, die das Land zunächst fruchtbar machten und errichtete eine Getreidemühle, die den neuen Farmern die Abnahme der Ernte garantierte.

Unter diesen Voraussetzungen hatte Ismani während der letzten 25 Jahre drei verschiedene Arten der Maisproduktion erlebt. Das erste System, entwickelt in den fünfziger Jahren, profitierte noch von der neuen Landerschließung: Der Busch wurde gerodet, das Steppengras abgebrannt und in den ersten Jahren trugen die neuen Felder reichliche Ernte: 3400 Kilogramm Mais pro Hektar. In den sechziger Jahren wurde das zweite System eingeführt. Jeder Quadratmeter Land, der fruchtbar erschien, war abgesteckt, und fortschrittliche Agrartechniken – der Einsatz von Pflugochsen und Traktoren – nahmen auf den großen Äckern rasch zu. Doch die Fruchtbarkeit der Erde nahm während dieser Zeit bereits rasch ab. Verantwortlich dafür war die Tatsache, daß nur Mais angebaut worden war, ohne daß die entzogenen Nährstoffe dem Boden wieder zugeführt worden waren. Die jährliche Ernte sank auf 2200 Kilogramm pro Hektar ab.

Im Rahmen der Ujamaa-Bewegung Anfang der siebziger Jahre wurde in Ismani das dritte System der landwirtschaftlichen Produktion eingeführt. Mit verstärkten Investitionen und einem höheren Einsatz von Traktoren, Düngemitteln und einem verbesserten Saatgut versuchten die Verantwortlichen, die Ernteverluste der letzten Jahre wieder auszugleichen. Doch vergebens: Auf den Modellfeldern und Musterplantagen der tansanischen Regierung sanken die Erträge immer weiter: auf 1200 Kilogramm pro Hektar. Trotz modernster Technik und Chemie gelang es den Bauern seitdem nicht mehr, in irgendeiner Weise die Maiserträge wieder auf das ursprüngliche Niveau zu steigern. In einer Analyse der Landwirtschaftsbehörden von Dar es Salaam wurde dazu festgestellt: »Die verantwortlichen Führungskräfte haben sich in den technischen und ökonomischen Anforderungen der Maisproduktion entschieden verkalkuliert.« Von ökologischen Folgen der einseitigen Maisproduktion ist bislang bei den Behörden in Dar es Salaam nicht die Rede. Dabei hat die USAID (United States Agency for International Development) im Oktober 1984 zu dem Problem der Maisproduktion in Tansania geschrieben: »Die Lektion, die uns das Beispiel Ismani lehrt, ist die Tatsache, daß moderne Landwirtschaft noch lange nicht ein Maximum der Produktion bei einem Maximum an Dünger- und Technikeinsatz zur Folge haben muß. Vielmehr sollten die natürlichen Grundlagen berücksichtigt werden. Im Gebiet von Ismani müssen verstärkt die Probleme der Bodenfruchtbarkeit und des Wechsels von Trocken- und Regenzeit bei der Technologie der Maisproduktion beachtet werden.« Klar ausgedrückt bedeutet das: Wo die natürlichen Voraussetzungen für eine landwirtschaftliche Kultur fehlen, vermag auch die modernste Agrartechnik nicht viel zu ändern und die Erträge zu steigern.

Von den knapp 57000 Quadratkilometern der Iringa-Region sind maximal 5 Prozent von der Landwirtschaft kultiviert. Nur auf 54 Prozent der Fläche fällt die für den Ackerbau notwendige Regenmenge, und auf nur 29 Prozent der Fläche ist intensive Landwirtschaft möglich, da hier die Böden über eine mittlere oder hohe Fruchtbarkeit verfügen. In einer Langzeit-Entwicklungsstudie analysiert die FAO die Entwicklungschancen: »Es besteht kein Zweifel, daß die Region über genügend Land verfügt, dessen Potential so hoch ist, die wachsende Bevölkerung bis zum Jahre 1995 ausreichend mit Nahrungsmitteln zu versorgen. Doch die unterschiedliche Ansiedlung der Bevölkerung zu den jeweiligen Ressourcen bedeutet, daß der Bevölkerungszuwachs nicht weiter fortgesetzt werden kann, ohne daß Probleme wie abnehmende Bodenfruchtbarkeit und Wassermangel zunehmend die Produktion verringern.« Der Bevölkerungsdruck, so ist zu erwarten, wird damit irgendwann die Existenzgrundlage der Dörfer in Frage stellen.

Unter dem Schlagwort »Dürrekatastrophe« drang während der letzten Jahre die Problematik einer falschen oder zu starken Landnutzung in das Bewußtsein der Öffentlichkeit ein. Doch Dürre muß nicht unbedingt dort entstehen, wo kein Regen fällt. Die Verwüstung oder Verödung eines Naturraumes kann auch dort auftreten, wo keine Wüsten entstehen können: In den Dornbuschsavannen und Trockensavannen der semiariden Randtropen, wie beispielsweise in Ismani zu beobachten ist. Hier kann der Mensch durch Wirtschaftsweisen in der agraren Landnutzung vor allem dann einen Umweltschaden anrichten, wenn diese den Bedingungen und Möglichkeiten des labilen Ökosystems nicht angepaßt sind. Dann entstehen wüstenähnliche Gebiete in diesem Naturraum und in extremen Fällen sogar Wüste selbst.

Unter dem Begriff Desertifikation haben sich Geographen seit gut einem Jahrzehnt diesem Problem gewidmet. Bei der Forschung wurden jedoch nicht nur die Klimaverhältnisse und die Klimaentwicklung berücksichtigt, sondern auch als Faktor der Wüstenbildung der menschliche Einfluß untersucht. Dabei kann man davon ausgehen, daß die Ausdehnung der Wüsten ein Interaktionsprozeß ist, bei dem physische und anthropogene Komponenten wirksam werden: Vor allem der Eingriff des wirtschaftenden Menschen in die jährliche Vegetationserneuerung in einem Ökosystem. Denn davon werden das Mikroklima, der Wasserhaushalt an der Bodenoberfläche und im Boden sowie die Erosionsrate beeinflußt und damit als Folge eine Veränderung der Bodenfruchtbarkeit. Sinkende Erträge sind daher ein Warnzeichen für einen Teufelskreis, der mit der nicht angepaßten Nutzung des Naturraums beginnt und häufig mit dem Verlust dieser Regionen für die Landnutzung endet.

Der Hamburger Geograph Horst Mensching, der sich seit Jahren in Afrika mit der Problematik der Desertifikation beschäftigt, hat eine Liste von Schäden aufgestellt, für deren Ursache der Mensch verantwortlich ist, und die langfristig, vor allem dann, wenn »Dürreperioden« das Land heimsuchen, zu einer Entstehung oder weiteren Ausdehnung der Wüste oder vergleichbarer Zustände führt.

Als einen Faktor führt er die übermäßige Landnutzung an, sei es durch Ackerbau oder durch starke Überweidung, wodurch die natürliche Vegetationsdecke so stark gelichtet wird, daß erste Erosionsschäden auftreten. Diese können sowohl flächenhafte als auch linienhafte Formen (Erosionsrisse) zeigen. Zudem können auch Kleindünen und Sandüberwehungen entstehen. Weideflächen zeigen die bekannten Rippelmarken, die Furchen aus Gras zwischen Wehsand, ein Hinweis dafür, daß eine Bodenverarmung bereits eingetreten ist. Die Regenerationsfähigkeit der natürlichen Pflanzendecke ist bereits verringert, selbst bei Einschalten von Brachjahren. Auf Bewässerungsflächen, bei denen der Boden nicht ausreichend durchgespült wird, wirkt sich langsam die Bodenversalzung aus. Zwischen 10 und 50 Prozent beträgt in der Folge der Rückgang der agrarischen Produktion. Das Landnutzungspotential verarmt und in Dürrejahren treten dann vollständige Ernteausfälle auf. Stärkere Schäden entstehen vor allem dort, wo die natürliche Pflanzendecke in ihrer Artenzusammensetzung verändert wird. Vor allem in stark überweideten Gebieten treten die bisher nutzbaren Gräser und Kräuter zugunsten der nicht freßbaren Pflanzen zurück und die Dornsträucher dominieren.

In Ackerbaugebieten, in denen fast immer zusätzliche Viehhaltung betrieben wird, ist die natürliche Pflanzendecke einschließlich des Baumbestandes fast völlig beseitigt. Sie regeneriert sich kaum noch oder gar nicht mehr. In diesen Bereichen bewirkt die Erosion des Bodens eine flächenhafte Verarmung. Dies ist in der Zusammensetzung des Humus direkt nachweisbar. Das Kulturland, so Mensching, wird sodann von allgemeiner Übersandung und Bildung von Dünenfeldern gekennzeichnet. Es treten in großen zusammenhängenden Flächen »wüstenähnliche Bedingungen« auf. Der Produktionsverlust beträgt in solchen Gebieten immer mehr als 50 Prozent. In Bewässerungsgebieten zeigen sich hohe Versalzungsschäden. Langfristig müssen die Ackerflächen vollständig aufgegeben werden, die Weidegebiete vermögen die Tiere nicht mehr zu ernähren, wenn die Anzahl der Tiere gleichbleibt oder gar erhöht wird. Es kommt zur Aufgabe von Siedlungen, die Bevölkerung wird zur Abwanderung gezwungen. Gebiete mit starker oder stärkster Desertifikation sind auch durch weitgehende Vernichtung des Baumbestandes gekennzeichnet. Da die Regeneration einer baumreichen, höheren Vegetation große Zeiträume beansprucht, treten hierdurch die Schäden im Landschaftsbild besonders zutage. In solchen Regionen sind Staubstürme, die gegenüber früher häufiger auftreten, ein untrügliches Zeichen für die Zerstörung des Ökopotentials. Viele dieser Schäden können nicht mehr wiedergutgemacht werden, so daß die Wüste weite Gebiete vollständig erobert.

Eine Boden- oder eine Humusschicht, die die landwirtschaftliche Produktion erst ermöglicht, kann nur dann entstehen, wenn die Produkte der Verwitterung an Ort und Stelle verbleiben. Dabei sind Bodenbildung und Vegetationsentwicklung voneinander abhängig. In dem Maße, wie Boden entsteht, siedeln sich Pflanzen an. Je mehr und je dichter die Vegetation die Erde bedeckt, um so rascher schreitet die Humusbildung voran und um so geringer wirken die Kräfte der Abtragung. Boden und Vegetation sind danach als Bausteine des Ökosystems zu verstehen, wobei die Natur auf Eingriffe mit einer Kette von Reaktionen antwortet. Eine einmal zerstörte Savanne kann weder zur vollen Wüste werden, noch läßt sie sich durch Bepflanzungsmaßnahmen in den ursprünglichen Zustand zurückversetzen. Bereits die Zerstörung der natürlichen Vegetation, die Veränderung des Wasserhaushalts und der Rückgang der Bodenfruchtbarkeit schaffen ein neues, verändertes Ökosystem, in dem auch andere Faktoren wirksam sind. Die Veränderung ist auch dann zu beobachten, wenn das Makroklima konstant bleibt.

Bei der Suche nach den Ursachen der verstärkten Desertifikation in diesem Jahrhundert fand Horst Mensching verschiedene Antworten: »Mit den Auswirkungen der Kolonialzeit, wie Wanderungsbeschränkung, teilweises Seßhaftwerden von nomadischen Gruppen, verbesserter, wenn auch häufig noch unzureichender medizinischer Versorgung oder leichterer Versorgung mit Nahrungsmitteln durch technisierten Transport und schließlich durch dic bekannte Bevölkerungsexplosion wurden Steppen und Dornbuschsavannen einer intensiveren Inkulturnahme unterworfen. Dies führte zu einer Migration der Bewohner gegen die Wüstengrenzen und zu dem bekannten Überschreiten der klimatisch-agronomischen Trockengrenze. So wurden Gebiete beackert, sei es durch den Pflug oder Hackbau, die eine Dauerbelastung, zum Beispiel durch jährlichen Getreideanbau, in den randtropischen Zonen vorwiegend durch Hirseanbau, nicht vertragen. Das Ökosystem hielt dieser langjährigen Belastung nicht stand und zeigte erste Desertifikationserscheinungen. Brache und Regenerationsphasen für Pflanzen- und Wasserhaushalt wurden immer kürzer, bis schließlich eine ›Verödung‹ von weiten Gebieten einsetzte.«

Als besonders risikoreich stellte Mensching den scheinbaren Landgewinn durch die Vergrößerung der Ackerflächen dar, der gleichzeitig zu einer Verringerung der Weidegebiete in manchen Steppengebieten führte. Durch den zusätzlichen Einsatz von modernen Pflügen, die die Erde tief aufreißen, mußte dann nach dem Beginn längerer Dürreperioden – wie zum Beispiel in der Sahel-Zone – zwangsläufig die Katastrophe kommen. Nach Ansicht des Hamburger Geographen ruft allerdings die nomadische oder halbnomadische Weidewirtschaft weit weniger Desertifikationsschäden in den Savannen hervor als die kombinierte Wirtschaftsweise, die Ackerbau und Viehhaltung der Seßhaften und Quasiseßhaften ausgelöst hat. Daß dabei auch moderne Techniken die Probleme nicht lösen können, beweisen zahlreiche Beispiele in Afrika. So wurden in den Trockengebieten immer wieder tiefe Brunnen gebohrt. Sie zogen viele Viehherden an, die dann auch im weiteren Umkreis verblieben und das Ökosystem überlasteten. Durch Überweidung der nahegelegenen Flächen kommt es dann zu Desertifikationsringen um diese Brunnen, wobei jedoch die Wasserversorgung langfristig den Bedarf großer Viehherden nicht decken konnte. »Generell bedeutet Technisierung in der Wasserversorgung arider Gebiete ein Risiko«, so Mensching. »Moderne Pumpanlagen fördern oft mehr Wasser, als die Ergänzungskapazität des Grundwasserkörpers zumeist aus klimatischen Gründen beträgt. Es kommt zur rapiden Absenkung des Grundwasserspiegels und in der Folge häufig bei nicht ausreichenden Wasserdurchspülungen zur Versalzung des Bodens.« So war es zum Beispiel wenig sinnvoll, im trockenen Norden Kenias ein isoliertes Bewässerungsprojekt zu fördern, weil hierdurch gleichzeitig eine unkontrollierte Bevölkerungswanderung in dieses Gebiet einsetzte. Vor allem ehemalige Nomaden wanderten in großer Zahl zu, fanden aber langfristig keine günstigeren Lebenschancen. Die Folge jedoch war, daß das Naturpotential im Umkreis dieser Brunnen bereits in kurzer Zeit weitgehend zerstört war, so daß die Wertschöpfung des Bewässerungslandes, das mit Mühe und hohem Kapitalaufwand errichtet worden war, sich drastisch verminderte.

Wildlife Management – ein Ausweg aus der Krise

In Dodoma probten am 13. Dezember 1985 einige Metzger den Aufstand. Sie schlossen ihre Läden und protestierten damit gegen die Festsetzung des Preises für Fleisch durch die Regierung. Denn die Behörden hatten erlassen, pro Kilogramm Rindfleisch nur 60 Shilling zu verlangen, während die Fleischer einen Verkaufspreis von 80 Shilling forderten. Das ist fast der Tageslohn eines Landarbeiters. Daher reagierten die Beamten auf die Schließung der Läden mit dem Vorwurf, die Metzger seien nur am Profit interessiert und nicht an der Versorgung der Einwohner mit Fleisch.

Doch ob 60 oder 80 Shilling pro Kilogramm Fleisch – hätten die Metzger ihre Läden geöffnet gehalten, sie hätten deswegen auch kein Geschäft gemacht. Denn die Theken blieben leer: Während in Dodoma normalerweise 120 Rinder pro Tag geschlachtet werden, waren es an diesem Tag nur 45 und am Donnerstag zuvor nur 15 Rinder. »Mit der Preiskontrolle«, so erklärte ein Metzger, »kann der Versorgungsengpaß nicht gelöst werden«. Zwischen 4500 und 18200 Shilling zahlte er auf den Rindermärkten für ein Stück Vieh (offizieller Marktpreis 1100 bis 10500 Shilling). Doch dieser Preis läßt bei den amtlich verordneten 60 Shilling pro Kilogramm keinen Verkaufsgewinn mehr zu.

Auch auf den Märkten in den einzelnen Orten, wo eine reiche Auswahl an Gemüse angeboten wird, ist Fleisch rar. Für ein Huhn müssen die Einheimischen zwei bis drei Tageslöhne hinlegen, doch nicht nur der Preis ist der Grund, warum es Geflügel nur an Festtagen gibt, sondern auch der allgemeine Mangel. Wie ein Lauffeuer geht es in den Siedlungen um, wenn bei irgendeinem Kaufmann ein Stück Fleisch in der Theke liegt. Selbst in den staatlichen Hotels, die bevorzugt beliefert werden, gibt es Tage und Wochen, an denen alle Fleischgerichte von der Speisekarte gestrichen sind.

Im Ruaha-Nationalpark im Nordwesten von Iringa wagt nur eine Handvoll Touristen jährlich den weiten und nicht ungefährlichen Drei-Tage-Ausflug in den nordöstlichen Teil des Tierreservats. Auf der Savanne verliert sich rasch die schwache Wagenspur, die zu einem verborgenen Platz im Park führt. Er ist auf keiner Karte eingetragen, und fragt man die Parkwächter danach, so ist ihre Antwort nur ein Kopfschütteln. Denn dieser Ort ist für die Behörden Tansanias ein Symbol für ein Problem, mit dem sie nicht fertigwerden: der Wilderei.

Hinter dichtem Gebüsch und Felsen verborgen liegt dort das Grab eines Massai-Häuptlings. Vor Jahren wurde er Opfer seiner Jagdleidenschaft: Ein Elefant war schneller und durchbohrte den illegalen Jäger mit seinen Stoßzähnen. Seitdem ist der Mythos um den Wildererhäuptling gewachsen: Jährlich zum Todestag schmücken seine Anhänger das Grab mit Blumen. Ihre Verehrung für den toten Häuptling zeigt, daß die Wilderei in Tansania nach wie vor sehr lebendig und tief verwurzelt ist.

»Die Wilderei nimmt zu«, warnte Ende 1985 in Tansania die Regierungszeitung ›Daily News‹ auf ihrer Titelseite: »Im Mikumi-Nationalpark stießen die Park-Rangers auf eine Bande von 30 Wilderern, und es kam zu einem Schußwechsel mit Verwundeten auf beiden Seiten«, berichtete die Zeitung weiter. Im Serengeti-Nationalpark entdeckten die Rangers einen Platz von der Größe eines Fußballfeldes, dessen Erde von Blut rot durchtränkt war.

Organisierte Wildererbanden hatten hier eine ganze Elefantenherde niedergemetzelt.

Den Wilderern, wird gegenüber den Touristen erklärt, geht es um die wertvollen Elfenbeintrophäen, doch selbst die ›Daily News‹ kann nicht mehr verschweigen: »Wild wird auch zunehmend wegen seines Fleisches getötet.« Immer mehr Tansanier sehen in der Wilderei nicht nur einen Nebenverdienst, sondern auch die einzige Möglichkeit, mit einigem Glück Abwechslung in den täglichen Suppentopf zu bringen. In Ismani, der ehemaligen Maiskammer der Iringa-Region, überlegen die Behörden bereits laut, ob nicht aus der Not eine Tugend gemacht werden soll: Mit Game-Cropping, der systematischen Nutzung von Wildtieren, könnte der permanente Fleisch-Notstand abgeschafft werden.

Die Idee, in ostafrikanischen Entwicklungsländern wie Tansania, auf Wildtiere zur Nahrungsversorgung zurückzugreifen, ist allerdings noch nicht weit verbreitet, obwohl das Rindfleisch für große Bevölkerungsgruppen nicht erschwinglich ist. Einige Gebiete in Zaire und Ghana sind dagegen mit über 70 Prozent von der Versorgung mit Wildfleisch abhängig und in Südafrika und Namibia gibt es bereits große Wildfarmen, wo nicht Rinder grasen, sondern die einheimischen, den ökologischen Gegebenheiten angepaßte Wildtierarten. Gefördert wird diese Entwicklung vor allem durch die Einsicht, daß der Versuch, die wachsende Bevölkerung ausreichend zu ernähren oder den Lebensstandard zu heben, nicht alleine mit der Entwicklung von intensiver landwirtschaftlicher Produktion auf fruchtbarem Boden möglich ist. Denn der Fortschritt, der ein besseres Wissen über Pflanzen- und Tierkrankheiten brachte, der Einsatz von Dünger und von Bioziden sowie die Bewässerung, hat in der Vergangenheit nicht nur die Ernte gesteigert, sondern auch teuere Umweltprobleme mit sich gebracht. Außerdem sind in der afrikanischen Landwirtschaft häufig bereits die Grenzen einer Versorgung der Bevölkerung mit Nahrungsmitteln erreicht, die durch die sinkende Fruchtbarkeit der Böden bestimmt werden.

Statt sich Gedanken über eine weitere Intensivierung der Landwirtschaft zu machen, fordern daher immer mehr Wissenschaftler, es sollte verstärkt erforscht werden, welche Tierarten, vor allem in den Savannen, die vorhandene Pflanzenbiomasse am besten ausnutzen, ohne die Ökosysteme zu zerstören. Betroffen von solchen Überlegungen sind immerhin 31 Prozent der Landoberfläche, die zu den ariden oder semiariden Gebieten der Erde zählen. Der größte Teil dieser Areale liegt in den subtropischen Breitengraden und zeichnet sich durch eine niedrige jährliche Regenmenge aus. Aber ebenso müssen dazu die jahreszeitliche Aufteilung der Niederschläge, die Verdunstungsrate, die Fähigkeit der Böden, Wasser zurückzuhalten, und die Verfügbarkeit von Trink- und Grundwasser berücksichtigt werden. Alle diese Faktoren begrenzen die Ausweitung einer intensiven Landwirtschaftstechnik. In Tansania regnet es im südlichen Teil des Landes nur einmal im Jahr, die Wassermenge der Regensaison reicht nicht aus, um auf den Feldern erfolgreich Mais und Getreide anzupflanzen. Häufig fehlt das Trinkwasser, oder es ist knapp verteilt und nur schwer zu fördern. Hinzu kommen die ungünstigen klimatischen Bedingungen in diesen Gebieten, in denen die Sonne am Tag heiß vom Himmel brennt und nur die Nacht eine Abkühlung bringt. Das bedeutet jedoch nicht, daß die Landflächen unproduktiv sind. Vielmehr muß man sich fragen, wie das vorhandene ungeheure Potential dieser Savannengebiete in Form von Gras und Wildtieren am besten genutzt werden kann, um die wachsende Bevölkerung Tansanias zu ernähren.

Längst haben Wissenschaftler aufgezeigt, daß die Rinderhaltung keine Antwort auf die Lösung des Problems sein kann. Viel effizienter setzt das heimische Wild die pflanzliche Nahrung in Eiweiß und hochwertiges Fleisch für den Menschen um, ohne die Landschaft zu zertrampeln und die Wasservorräte zu erschöpfen.

Diese Überlegungen sind allerdings nicht in den von Hunger heimgesuchten Zonen Afrikas gewachsen, sondern sind vor allem am Beispiel der Nationalparks gediehen, in denen die Natur die alternative Ernährungsmöglichkeit anschaulich demonstriert. So sind in Tansania, wo die Wildreservate eine Fläche von 9 Prozent des Landes einnehmen, die von Europäern als Arche Noah konzipierten Wildschutzgebiete mittlerweile zu Wildlife-Slums entartet. Das Jagdverbot innerhalb dieser Schutzzonen und der Jagddruck außerhalb ließen die Herden binnen weniger Jahre auf eine Größe anwachsen, die das Ökosystem Savanne bis an ihre Grenzen belastet. So zählte der Biologe Watson auf 30000 Quadratkilometern rund um den Serengeti-Nationalpark über 600000 Gazellen, 330000 Wildebeests (Weißbart- oder Streifengnu), 350000 Zebras, 40000 Grants-Gazellen, 20000 Topis,

20000 Büffel, 10000 Giraffen, 10000 Impalas, 5000 Elenantilopen und weitere 5000 Hartebeests (Kongoui oder Coksantilope). Diese Zahlen erklären nicht nur, warum dieses Gebiet gerade für Touristen ein beliebtes Reiseziel ist, sondern sie veranschaulichen auch das Potential für eine Fleischproduktion, die auf dieser natürlichen »Wildtier-Ranch« zu finden ist.

Zwar zeigen die Zahlen des Fleisch- und Fettertrages von Wild- und Haustieren große Unterschiede auf, doch entscheidend ist das Verhältnis der für die menschliche Ernährung verwertbaren Körpersubstanzen zueinander. Während das Fleisch der Boran- und Zeburinder in Tansania durchschnittlich 28,6 Prozent Fettgehalt aufweist, ist der höchste bei den Wildtieren erreichte Fettanteil 2,4 Prozent des Schlachtgewichtes. Die Schlachtergebnisse von Impalas lassen sich mit denen aus Boran- oder Zebu-Stiere durchaus vergleichen, da unter dem Aspekt der Ernährung der außerordentlich hohe Anteil an magerem Fleisch, und damit an wertvollem Protein, entscheidend ist. Somit liefern die Wildtiere dem Menschen einen größeren Ertrag an tierischem Eiweiß je Gewichtseinheit als die Rinder. Bei Antilopen und Gazellen sind durchschnittlich 50 bis 63 Prozent des Lebendgewichtes verwertbares Fleisch, beim Rind dagegen nur 40 bis 60 Prozent, während beim Schaf durchschnittlich nur 42 Prozent genutzt werden können. Zudem kommt hinzu, daß die Fortpflanzungsrate in der freien Wildbahn um ein Vielfaches höher ist als bei den großen Rinderherden, wo es bis zu vier Jahre dauert, bevor ein Boran- oder Zeburind schlachtreif ist. Ein Wildtier hat dagegen bereits nach zwei Jahren die entsprechende Größe erreicht.

Doch den entscheidenden Eignungstest macht das Wildvieh nicht in den Schlachthäusern, sondern in den afrikanischen Steppen und Savannen. In der Serengeti, wo zeitweise über eine Million Großtiere leben, beträgt die Wildtier-Biomasse bis zu 25 Tonnen pro Quadratkilometer. Zwei Faktoren haben die Entwicklung dieser hohen Wilddichten in der Savanne entscheidend begünstigt: Zum einen die Verlagerung der pflanzlichen Biomasse-Produktion von den Baumkronen der Regenwälder auf die Erdoberfläche, zum anderen die Fähigkeit der Huftiere und Nager, diese Pflanzennahrung mit Hilfe von Mikroben zu verwerten. Obwohl diese Wildtiere in Herden auftreten, ist immer wieder in den afrikanischen Nationalparks zu beobachten, daß auch nach dem Abweiden die Savanne ihre Grasnarbe behält. Im Gegensatz dazu ist der Boden blank, wenn eine Rinderherde darüber gegangen war. Verantwortlich dafür sind die Äsungsgewohnheiten afrikanischer Huftiere, die sich mit denen von Rindern, Schafen und Ziegen nicht vergleichen lassen: Wildlebende Tiere, im Laufe von Jahrmillionen dem Leben in der Savanne angepaßt, haben sich auf verschiedene Futterpflanzen spezialisiert, ohne sich gegenseitig Konkurrenz zu machen oder die eigene Existenzgrundlage zu vernichten.

So lebt der Große Kudu fast ausschließlich vom Laub der Büsche, das Zebra von der stengel- und rohfaserreichsten Diät. Sie grasen häufig die nährstoffärmsten Teile der Savanne ab, Gnu und Topi halten sich an die »Blätter« der Gräser. Die Elenantilope und die Scharfersenantilope (Impala) halten sich überwiegend an Bäume und Sträucher, und was diese Arten übrig lassen, sind Kräuter, mit denen sich die kleinen Thomsongazellen versorgen. Diese sind, im Gegensatz zum Büffel nicht in der Lage, mangels kräftiger Mahlzähne und Kaumuskeln, die harten Gräser zu verwerten.

Obwohl die Wildtiere der Savanne das Nahrungsangebot so effektiv wie möglich nutzen, zwingt sie ihr hoher Grasverbrauch zu ausgedehnten Wanderungen. Denn nur Weidegründe mit frischem Gras sind nahrhaft und auch nur dort zu finden, wo die Niederschläge fallen. Eine Treue zum Standort wäre für die Herden äußerst verhängnisvoll. Die freien Steppen und Savannen erfordern daher zum Überleben Wanderungen, wobei das Auftreten in Rudeln dem Einzeltier durchaus Schutz vor Räubern gewährt. Die Nahrungsketten in den Savannen funktionieren aber nur dann gut, wenn die Nutzung der Gras-Biomasse zeitlich voneinander getrennt abläuft. Mit Beginn der Regenzeit beginnt in der Savanne großflächig das Wachstum der Gräser. Werden sie von den Herden abgefressen, so sind die Tiere gezwungen, in jene Gebiete weiterzuziehen, wo neues Gras wächst. Auf diese Weise wird Streifen für Streifen der Savanne ausgenutzt, was letztendlich auch der Vegetation zugute kommt. Denn nur, wenn die alten Halme entfernt worden sind, können neue ungehindert nachwachsen. Dort, wo aber Grasflächen von Wildtieren nicht beweidet werden, verfilzt innerhalb kurzer Zeit die gesamte Vegetation am Boden, die Produktivität der Gräser läßt nach und falls dann ausreichend Regen fällt, haben Büsche und Bäume vereinzelt eine Chance für ihre Wachstum. Die Wildtierherden nutzen daher nicht nur die Grasressourcen der Savannen aus, sondern fördern gleichzeitig auch das Wachstum der Gräser. Tiere und Pflanzen sind daher in einem System von Wechselwirkungen mit zahlreichen Rückkoppelungen eingebunden, ohne die der ganze Naturraum Savanne langfristig nicht lebenstüchtig wäre. So paradox es klingt: Eine Regenzeit, verbunden mit dem heißen tropischen Klima und nährstoffarmen Böden sind die Voraussetzung für eine Biomasse-Produktion der Tierherden, die nicht ohne weiteres von anderen Naturräumen der Erde erreicht wird. Damit eine Überpopulation aber nicht dieses fein aufeinander abgestimmte System von Tier und Pflanze aus dem dynamischen Fließgewicht bringt, hat die Natur feine Regelmechanismen entwickelt. Voraussetzung dafür ist, daß die Mitglieder einer Artengemeinschaft jede Nische optimal nutzen, ohne sie aber zu zerstören. Ein regulierender Faktor dabei ist die Nahrungsproduktion, die die Geburtenrate der einzelnen Tierarten bestimmt. Ist das Angebot hoch, kommen viele Jungtiere auf die Welt, denn die Weibchen sind in einer guten körperlichen Verfassung. Ist das Angebot dagegen knapp oder die Herde oder die Konkurrenz anderer Tiere zu groß, sinkt die Vermehrungsrate in den Herden.

Ein weiterer Ausgleichsfaktor in den Savannen ist das Wasserangebot. Dort, wo die Wasserstellen schnell erschöpft sind und das wichtige Lebenselement rasch zur Mangelware wird, können auch keine hohen Wildtierdichten auftreten. Deutlich ist diese Abhängigkeit während der Trockenmonate in den Steppen zu beobachten, wenn sich dann die ganze Tierwelt am Ufer der zu Rinnsalen ausgetrockneten Flüsse oder an den Wasserlöchern trifft. Dort, wo es an Wasser mangelt, setzt über kurz oder lang das große Sterben ein oder die Tiere verlassen das Gebiet, um woanders nach dem feuchten Element zu suchen. Die Savanne aber behält dadurch ihre Fruchtbarkeit, denn die Engpässe bei der Wasserversorgung regeln die Bestände und Dichte der Weidegänger rechtzeitig, bevor die Wildtiere ihren Lebensraum durch Übernutzung auf Dauer zerstören können.

Trotz der Artenvielfalt und der Größe der Herden kommen die Wildtiere der Savanne mit der begrenzten Nahrungsmenge aus, ohne sich Konkurrenz zu machen. Jeder nutzt eine besondere Partie der Grasflur und je strukturierter das Gelände ist, desto mehr Arten können hier leben. Jeder Winkel der Landschaft wird hier optimal genutzt und ermöglicht so eine hohe Siedlungsdichte. Die Tierwelt in den Savannen ist damit eine Arbeitsgemeinschaft, die die vorhandenen Ressourcen optimal ausnutzt.

Nicht nur das erwiesenermaßen höhere Produktionspotential der tropischen Fauna gegenüber der Haustierzucht, sondern auch die ökologische Verträglichkeit sprechen für eine intensivere Förderung und Nutzung des Steppenwildes durch den Menschen. Berechnungen für den Nationalpark Virunga in Zaire haben bei insgesamt elf Wildarten eine Bio- oder Zoo-Masse-Produktion von 23556 Kilogramm pro Quadratkilometer ergeben. In Namibia und in Süd-Afrika werden die verschiedenen Wildtierarten mittlerweile systematisch genutzt. Unter dem Stichwort »Game Farming« oder »Game Cropping« nutzen dort zahlreiche Farmen mit der dazugehörigen Dosen- und Tiefkühlindustrie das Angebot der Savanne aus, ohne daß diese Wirtschafts- und Landnutzungsform Schäden in der Natur hinterläßt. Doch nicht nur die Frage, wie unter ökologischen Aspekten die ländlichen Regionen der feuchten Tropen genutzt werden können, spricht für eine Wildtierbewirtschaftung, sondern auch die entwicklungspolitischen Aspekte liefern Ansätze: Wildlife Management vermag die Bevölkerung mit hochwertigem tierischen Eiweiß zu versorgen, ohne daß eine eventuell problematische Änderung der gegenwärtigen Landnutzung erforderlich ist. Bei einer systematischen Nutzung und Biotop-Hege könnten zahlreiche Arbeitsplätze geschaffen werden, die keine hohen Ausbildungsanforderungen stellen und die die Landflucht wegen mangelnder Existenzgrundlagen verhindern könnten. Im Gegensatz zum Ackerbau und zur Rinderzucht, Formen der Landnutzung auf einer einzigen Ebene, erlaubt die Wildtier-Bewirtschaftung die Nutzung der verschiedenen Etagen in der natürlichen Vegetation. Betriebswirtschaftlich verspricht diese Form der Nutzung bedeutende Deviseneinnahmen bei relativ geringem Kapitaleinsatz. Entscheidend aber ist auch, daß die Fauna ein natürliches Potential darstellt, die jederzeit – solange zumindest die Arten noch nicht ausgerottet sind – zugleich eine regenerierbare Ressource ist.

Hunger – eine Folge verfehlter Entwicklungspolitik

Ein namhafter bayerischer Politiker hatte einst die Idee, in Alaska Ananas zu pflanzen. Ein solches Ansinnen erscheint sicherlich absurd, doch bessere Aussicht auf Erfolg hätte das Vorhaben, in Oberammergau Bananen anzubauen. Der Ort ist schön gelegen, umgeben von Berghängen, und auch trotz der langen Winterzeit könnte solch ein Projekt ohne technische Schwierigkeiten durchgeführt werden. Das Erdreich könnte man mit Kunstdünger anreichern, und die riesigen Gewächshäuser für die Südfrüchte müßten nur so konstruiert sein, daß ihre Dächer den winterlichen Schneemassen standhielten. Möglicherweise ließe sich auch eine spezifische Bananensorte züchten, die unter diesen Treibhausbedingungen hervorragend gedeiht und den deutschen Qualitätsnormen entspricht. Zum Stückpreis von fünf bis zehn Mark könnten die Früchte auf den Markt gebracht werden, und wenn man dann mittels eines kleinen Verwaltungsaktes die Einfuhr billiger Bananen aus südlichen Ländern verbieten oder mit einer Luxus-Steuer belegen würde, wäre auch der Absatz in der Bundesrepublik gesichert. Die Vorteile dieses Projekts liegen auf der Hand: Zahlreiche Arbeitsplätze könnten neu geschaffen werden und in Krisenzeiten wäre die Versorgung der Bevölkerung mit Bananen gesichert.

Ein absurder Plan? Für Oberammergau sicherlich. Doch die afrikanische Landwirtschaftspolitik, angeregt durch die Ideen westlicher Entwicklungsspezialisten, hat wiederholt vergleichbare künstliche Blüten hervorgebracht. Hektargroße Blumen- und Tomatenbeete in Ländern, in denen die Bevölkerung nicht einmal ihren täglichen Kochtopf zu füllen vermag, sind typische Beispiele dafür, wie europäischer Pioniergeist die einheimische Landwirtschaft und damit die Basis zur Selbstversorgung um des Profits willen verdrängt hat. Doch weit schwerwiegender als solche einzelnen Entwicklungsprojekte sind Eingriffe im Namen des Fortschritts, die das ökologische Gleichgewicht großer Naturräume aus der Balance werfen werden. Jüngstes Beispiel ist der chemische Krieg, den Entwicklungsexperten in zahlreichen Ländern Afrikas der Tsetsefliege erklärt haben. Mit einem auf mehrere Jahre angelegten Projekt will die Europäische Gemeinschaft dieses Insekt ausrotten, um in weiten Landstrichen Afrikas die Rinderzucht zu ermöglichen. Der Stich dieser blutsaugenden Fliege überträgt die Schlafkrankheit auf Rinder und war bislang ein hervorragendes Mittel der Natur, das weitere Vordringen der Viehherden auf dem afrikanischen Kontinent zu verhindern.

Noch erstreckt sich das Reich der Tsetsefliege auf über zehn Millionen Quadratkilometer Land, meist tropischer Forst, Baumsavannen oder Grassteppen. Bereits vor zehn Jahren forderte die FAO ein Programm zur Ausrottung der Tsetsefliege auf sieben Millionen Quadratkilometern, um den Rinderzüchtern in Afrika den Weidegang von 21 Millionen Stück Vieh zu ermöglichen. Fast eine Million Dollar hatte die Durchführung dieses Programms gekostet, aber es brachte ernste Probleme mit sich. Denn die Grassavannen, durch die Tsetsefliege vor den Hufen der Rinder bislang verschont, waren innerhalb kurzer Zeit überweidet oder anderweitig landwirtschaftlich genutzt. Viehzüchter mußten nach wenigen Jahren einräumen, daß dieses Land für eine dauerhafte Rinderhaltung nicht geeignet sei, weil durch das Zuchtvieh das Land rasch zur Wüste zu werden drohte.

Trotz dieser Erfahrungen der FAO will die Europäische Gemeinschaft an ihrem Plan weiterhin festhalten. In ihrem Auftrag entwickelte Dr. Desmond Lovemore, ein Spezialist aus Simbabwe, einen chemischen Feldzug gegen die Tsetsefliege. Er schätzt, daß ihre Ausrottung allein in den vier Staaten Simbabwe, Sambia, Malawi und Mozambique 450 Millionen Mark kosten wird. Endosulfan, jener Wirkstoff in der chemischen Keule, der dem Insekt den Garaus machen soll, wird von Lovemore als »sicher« bezeichnet. Doch der Hersteller, die Frankfurter Hoechst AG, warnt mittlerweile davor, das Mittel in der Nähe von Flüssen, Sümpfen oder Seen einzusetzen. Erfahrungen im Okowango-Delta von Botswana haben gezeigt, daß das Gift nicht nur den Überträger der Schlafkrankheit tötet, sondern auch 70 Prozent der einjährigen Fische, die Ernährungsgrundlage zahlreicher Menschen. Doch nach der Sahel-Katastrophe werden mittlerweile auch Stimmen aus Simbabwe laut, die vor dem chemischen Kampf gegen die Tsetsefliege auf großen Flächen warnen. Denn wenn nach dem Tod des Insekts das Rind die Weideflächen und Wälder erobert, würde es in Gebieten mit geringem Regenfall und armen Böden nur eine Frage der Zeit sein, bis das Steppengras verschwunden ist und die Wüste sich wie in der Sahelzone ausbreitet.

Doch Entwicklungshilfe-Experten machen darauf aufmerksam, daß das EG-Projekt nicht mehr gestoppt werden könne. Zuviel Geld sei bereits investiert worden und das Vorhaben habe seine eigene Dynamik entwickelt: Tausende von Wissenschaftlern würden ihre Lebensaufgabe darin sehen, finanziert von Chemiekonzernen, Afrika von der Tsetsefliege zu befreien. Und mit dem Argument, das Einkommen der Kleinbauern müsse verbessert werden, läßt sich das Projekt auch von den Politikern in der europäischen Heimat verkaufen. Denn wenn einmal die Bauern ihre Rinder nicht nur als Lieferanten von Milch und Fleisch halten, sondern sie auch als Zugtiere einsetzen, lasse sich der Ernteertrag auf den Äckern steigern, weil der Boden tiefer umgepflügt werden könnte.

Obwohl die einheimischen Tierarten der Umwelt besser angepaßt sind und nachweisbar effizienter als das Rind Fleisch produzieren, um die örtliche Bevölkerung zu versorgen, ignorieren Entwicklungshilfe-Experten ökologische Einsichten und Erfahrungen aus den Hungergebieten und setzen weiterhin auf das

Rind als Fleischlieferant. Rindfleisch ist mittlerweile in Afrika ebenso zum Symbol des Fortschritts geworden wie das Weizenbrot. Beides hat mit dem Wunsch nach einem höheren Lebensstandard die Konsumgewohnheiten in der Dritten Welt drastisch verändert. Bereits vor fünf Jahren hatten die Direktoren der FAO auf die möglichen Gefahren für die Entwicklungsländer hingewiesen, die vor allem der steigende Verbrauch und der wachsende Import von Weizen nach sich zieht. »Nahrungsmittelhilfe kann Probleme aufwerfen, indem sie ein unhaltbares Verbrauchsmuster schafft«, kommentierten bereits damals die Landwirtschaftsexperten den steigenden Verbrauch. Weiter heißt es dann zutreffend in dem Bericht der FAO, daß ursprünglich die Nahrungsmittelhilfe von der Notwendigkeit geleitet worden sei, »die US-Getreideüberschüsse abzudisponieren und neue Märkte zu öffnen ... In einigen Fällen haben Geberländer Hilfe für die Errichtung von Weizenmühlen und Brotbäckereien gewährt.« Die FAO-Experten forderten die Geberländer auf, die traditionellen Verbrauchsgewohnheiten im jeweiligen Land zu achten und warnten sie davor, »nicht nur ihren Brotweizen loszuschlagen«. Die Schattenseiten der Nahrungshilfe sind seitdem bekannt: Viele der herkömmlichen Grundnahrungsmittel, die auf zweckmäßige Art und Weise aus heimischen Produkten wie Sorghum oder Hirse hergestellt werden können, mußten das Feld den westlichen Nahrungsmitteln räumen, weil »die Zubereitung der heimischen Produkte zu kompliziert und ihre Qualität und Lagerfähigkeit geringer ist als die der importierten Nahrungsmittel«. Sollte der Trend, der seit den siebziger Jahren zu beobachten ist, weiter anhalten, so wird sich die Einfuhr von Weizen und Weizenmehl in die Entwicklungsländer innerhalb von sieben Jahren verdoppeln, der Import in Afrika sogar innerhalb von zwei Jahren.

Auch wenn, wie in Tansania, der importierte Weizen, in absoluten Mengen gemessen, nicht sehr groß ist, so ist doch der kontinuierliche Anstieg des Weizenimports besorgniserregend. Brot aus Weizen ist zu einem Statussymbol geworden, es kommt der Bequemlichkeit der Konsumenten entgegen. Für die Ernährung der städtischen Bevölkerung ist Weizenbrot mittlerweile zu einem »politischen« Nahrungsmittel geworden; die Regierung ist bemüht, die Versorgung zu garantieren und die Preise stabil zu halten, denn über den Brotpreis ist schon manches System gestürzt.

Diese Entwicklung der letzten Jahre, die zunehmende Abhängigkeit von der Nahrungsmittelhilfe, steht im krassen Gegensatz zu den Erklärungen europäischer und deutscher Politiker. So forderte bei der zentralen bundesdeutschen Kundgebung zum Welternährungstag 1986 der CSU-Politiker und Landwirtschaftsminister Ignaz Kiechle, das »tägliche Brot für alle Menschen« müsse zur Selbstverständlichkeit werden. Nur durch die Produktion von Nahrungsmitteln am Ort selbst und aus eigener Kraft könne nach seiner Auffassung der Hunger von weltweit etwa 500 Millionen Menschen auf Dauer gestillt werden. Um die Weltbevölkerung zu versorgen, erklärte Kiechle weiter, gebe es genügend Bauern, Land, Wasser und auch Betriebs- oder Düngemittel. Selbst an Saatgut mangele es nicht. Bei der Verteilung der Nahrungsmittel und in der Produktion selbst seien gewaltige Ungleichgewichte festzustellen. Ohne aber die Überschüsse der EG direkt anzusprechen, bemerkte der Minister, der Versuch, Agrarprodukte aus überversorgten Regionen in Mangelgebiete zu bringen, würde eine wachsende, unerwünschte und dauernde Abhängigkeit von den Geberländern nach sich ziehen.

Das Problem ist damit auf der politischen Ebene erkannt, doch die Erkenntnis steht in krassem Widerspruch zur offiziellen deutschen und europäischen Entwicklungshilfe. Die Politik des eigenen Hauses, der Bundesregierung in Bonn, entlarvt die Beteuerungen Kiechles als leere Sonntagsrede. Denn seinem Parteifreund Jürgen Warnke, Bundesminister für wirtschaftliche Zusammenarbeit, ist ganz offen der Nutzen für die deutsche Wirtschaft zu einem Hauptmaßstab der Entwicklungshilfe geworden. Danach sollen zum einen die ausgegebenen Mittel wieder in Form von Aufträgen an die deutsche Wirtschaft zurückfließen, oder aber es werden Projekte initiiert, deren entwicklungspolitischer Nutzen angesichts der drängenden Probleme in der Dritten Welt mehr als fragwürdig ist. Beispiel dafür ist die Pressemitteilung 60/86 vom 27. Oktober 1986 des Bundesministeriums für wirtschaftliche Zusammenarbeit; nach einem Treffen mit dem Präsidenten des Deutschen Sportbundes, Hans Hansen, ließ Warnke der Presse mitteilen: »Die Gesprächspartner waren sich einig, daß die Sportförderung in der Dritten Welt auch im Rahmen der Entwicklungshilfe an Bedeutung gewonnen habe. Der Minister betonte, der durch Entwicklungshilfe geförderte Schul- und Breitensport bilde eine Grundlage für die zunehmenden Erfolge der Entwicklungsländer ... Erörtert wurden auch Möglichkeiten der Sportförderung für die schwarze und farbige Bevölkerung in Namibia. Die Gesprächspartner waren darin einig, daß sie nicht durch Ausschluß von der internationalen Förderung des Sports benachteiligt werden sollte, auch wenn Namibia bisher noch nicht in die Unabhängigkeit entlassen worden ist ... Für die Sportförderung unter anderem in Madagaskar, Mauretanien und Ecuador wurden 1986 rund 4,5 Millionen Mark aus dem Entwicklungshilfeetat bereitgestellt. Schwerpunkt der Förderung ist der Auf- und Ausbau von Ausbildungsstätten für Sportlehrer. Hierfür wurden mehr als drei Viertel der Mittel verwendet ...« Bundesdeutsche Politiker können die Förderung der eigenen Wirtschaft durchaus zur Maxime der Entwicklungshilfe machen, doch Sprüche wie »Hilfe zur Selbsthilfe« oder »Vorrang für die Entwicklung der Landwirtschaft« sollten dann nicht mehr geklopft werden.

Im technischen Maßstab, mit ökonomischen Parametern, messen europäische Entwicklungshilfebeamte seit Jahren den afrikanischen Kontinent aus. Wenn dann das Land leergepumpt ist, die Armen noch ärmer geworden sind, die natürlichen Ressourcen ausgebeutet und die Landschaft zerstört ist, kehren die Entwicklungsexperten wieder in ihre Heimat zurück. Wenn dann auch noch die Natur ihren Tribut fordert und die Rechnung in Form von Hungerkatastrophen präsentiert, wird meist die Ursache in politischen oder ideologischen Gründen gesucht. Die Entwicklungsexperten aber, die gegen die einfachsten ökologischen Gesetze verstoßen und die Katastrophe heraufbeschworen haben, sind nicht mehr da, um die Verantwortung übernehmen zu können.

»Die Entwicklungshilfe muß sofort gestoppt werden«, forderte Brigitte Erler, Referentin im Bonner Entwicklungsministerium, als sie ihre Arbeit nicht länger verantworten mochte. Eine Fluglinie, Elektrizität, Fernsehprogramme, Autos und Kühlschränke, ein paar Schulen und Krankenhäuser – wie in Tansania geht es mit Hilfe der Entwicklungspolitik Regierungsbeamten und einer Oberschicht besser. Aber die Masse der armen Landbevölkerung, der eigentlich die Sorge der reichen Industrieländer galt, hat von dieser Hilfe nicht profitiert. Im Gegenteil: Ihr Einkommen sinkt seit Jahren kontinuierlich. Der Ackerbau lohnt sich nicht mehr, seitdem es billiger geworden ist, Getreide einzuführen; und solange Weizen importiert werden kann, stört es niemanden, wenn die moderne Agrartechnologie, die Knappheit der Ressourcen und die Übervölkerung die Bauern zwingt, in die Slums der Städte zu ziehen, um dort zu betteln.

Mit 100 Milliarden Dollar subventionieren die Industrieländer jährlich ihre Landwirtschaft, mit 48 Milliarden dagegen die Entwicklungshilfe. Dieses agrarpolitische Diktat führt zu grotesken Wettbewerbsverzerrungen und provoziert wegen der Abnahmegarantien geradezu die Überproduktion auf dem Weltmarkt. Selbst die besten Produzenten in der Dritten Welt können mit ihrer Ernte keine Gewinne mehr erzielen oder die Früchte ihrer Felder im eigenen Land preiswerter als die importierten Nahrungsmittel verkaufen. Denn die ökologischen Voraussetzungen in Ländern wie in Tansania, gekennzeichnet durch arme Böden und regenarme Zonen, erlauben dort nicht, nach den gleichen Prinzipien wie in Europa Weizen oder Milch zu produzieren. Doch damit ist das Sündenregister der Landwirtschaftspolitiker und Agrarbürokraten keineswegs erschöpft. Richard Body, ein konservativer britischer Abgeordneter des Unterhauses, kritisierte die ökologische und ökonomische Seite der EG-Agrarpolitik: »Der teuer erkaufte technische Fortschritt der europäischen Wirtschaft, die Erschließung immer unfruchtbareren Bodens zum Anbau hochwertigen Getreides, die Steigerung des Hektar-Ertrages zum Beispiel beim Weizen um fast das Doppelte, die Erhöhung der Milchausbeute je Kuh um 48 Prozent in den letzten drei Jahrzehnten gefährdet auch die Umwelt. Die modernen Industriemethoden in der Landwirtschaft zwingen nicht nur zu hohem Energie-Einsatz. Sie erfordern auch einen massiven Gebrauch von Dünger. Doch die Kunstdüngervorräte auf der Welt sind begrenzt. Wo sie dringend benötigt werden – wenn auch in viel geringerem Umfang als auf unseren relativ unfruchtbaren Böden – nämlich auf dem brachliegenden Land in der Dritten Welt, gelangen sie wegen ihres hohen Preisniveaus nicht hin.«

Es sind wirtschaftliche Vorteile, die der Fortschritt den Industrienationen gebracht hat. Er wird aber nicht dazu eingesetzt, die Probleme der Entwicklungsländer zu lösen, sondern trägt dazu bei, das Gefälle zwischen armen und reichen Nationen zu vergrößern. Der Strom der Hilfe fließt im Rahmen der Entwicklungshilfepolitik ungebremst weiter und zementiert damit die Abhängigkeit des Südens vom Norden. Dabei wäre, Berechnungen der Weltbank zufolge Entwicklungshilfe für zahlreiche Länder überflüssig: Nach ihren Angaben würde in jenen Ländern, die in der internationalen Einkommensstatistik einen Mittelplatz einnehmen, schon eine Steuer von 2 Prozent auf die oberen 20 Prozent der Einkommen ausreichen, um alle Entwicklungshilfe überflüssig zu machen und den Ausbau der Infrastruktur nach eigener Kraft zu finanzieren. Doch wozu soll man den Ausbau von Straßen und Wasserleitungen mit Steuern finanzieren, wenn das Geld dafür auch aus dem Ausland kommt und auswärtige Experten davon leben?

Tansania wird sich aus eigener Kraft nicht aus diesem Teufelskreis befreien können, solange westliche Experten die Pläne machen. Schuld sind nicht die kleinen Organisationen, die wirklich nach dem Motto »Hilfe zur Selbsthilfe« in die Dörfer gehen und mit dem zurechtzukommen versuchen, was sie dort vorfinden. Der Teufelskreis wird vielmehr aufrechterhalten durch die großen Konzerne und Firmen, für die sich durch die Gelder aus den Industrienationen ein Absatzmarkt bietet. Ihre Hoffnung, mit den gleichen Methoden wie in den Industrienationen die Ernährungsprobleme der Dritten Welt lösen zu können, scheitert einfach daran, daß es auf der Erde nicht nur geographisch und politisch einen Unterschied zwischen Nord und Süd gibt, sondern dieses Gefälle auch durch unterschiedliche Naturräume und damit Lebensvoraussetzungen gekennzeichnet ist. Ihre Partnerschaft mit der Dritten Welt gleicht daher dem Versuch, den ersten Eisenbahnwagen, der 1835 von Nürnberg nach Fürth fuhr, einem Hochgeschwindigkeitszug anzuhängen. Bereits nach kurzer Fahrt wäre der alte Wagen völlig zerstört.